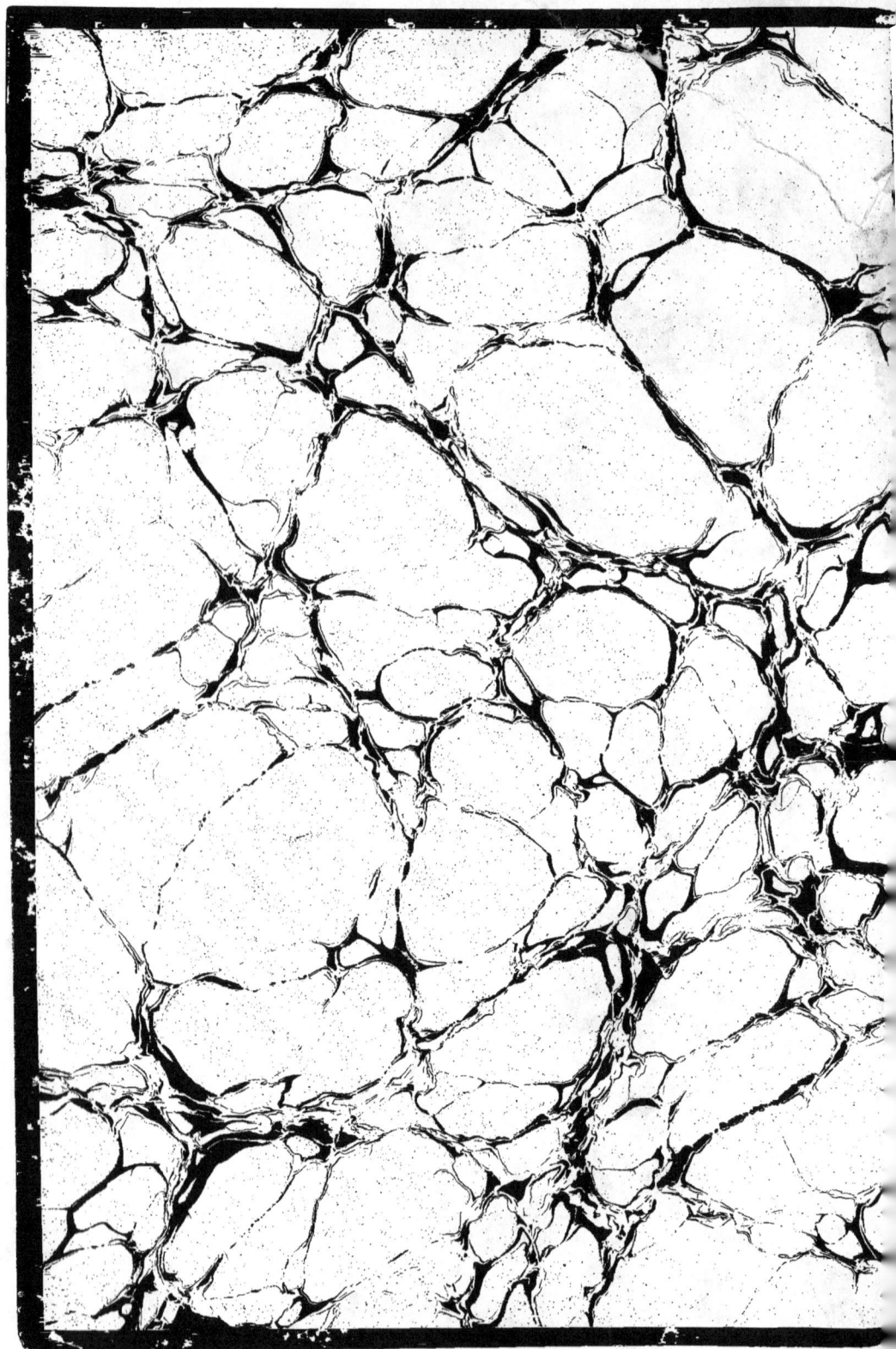

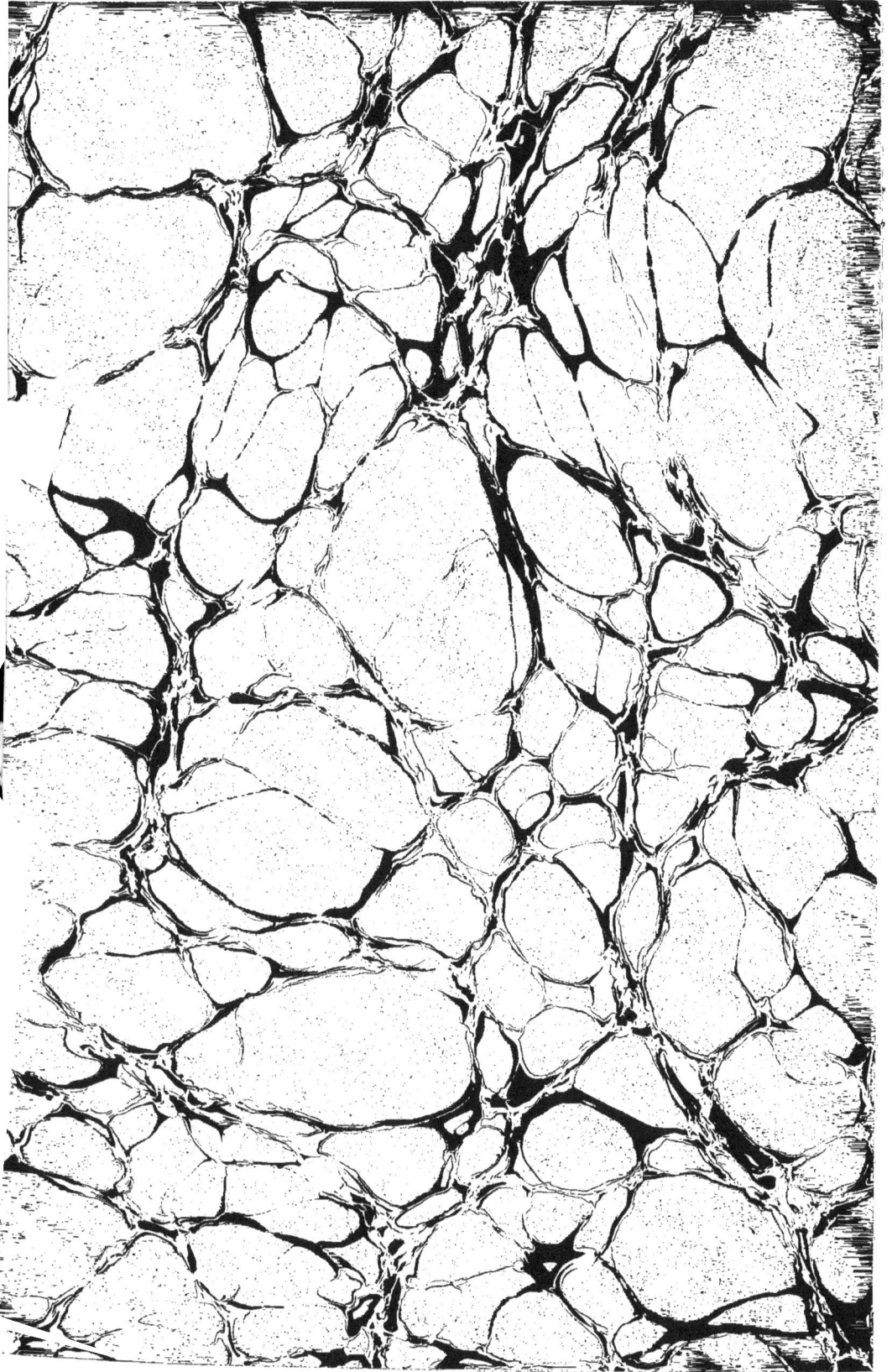

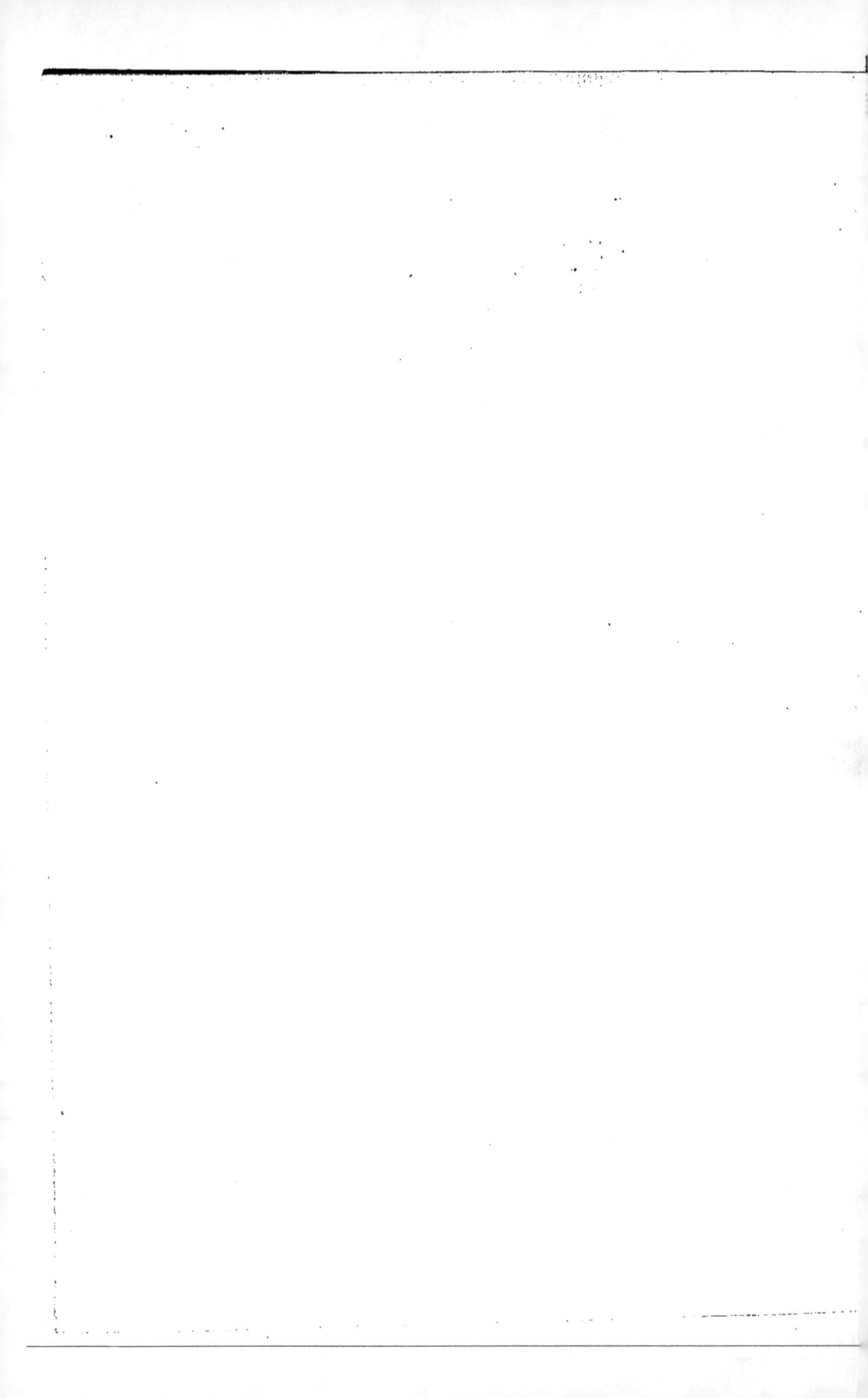

MARQUIS G. DE CHERVILLE

Le
Monde · des
Champs

OUVRAGE ILLUSTRÉ

DE

112 GRAVURES

LIBRAIRIE DE PARIS

FIRMIN-DIDOT ET Cⁱᵉ, IMPRIMEURS-ÉDITEURS

56, rue Jacob, Paris

MONDE DES CHAMPS

TYPOGRAPHIE FIRMIN-DIDOT ET Cᵉ. — MESNIL (EURE).

Le deuil blanc.

Marquis G. de CHERVILLE

LE

MONDE DES CHAMPS

OUVRAGE

ILLUSTRÉ DE 112 GRAVURES

LIBRAIRIE DE PARIS

FIRMIN-DIDOT ET Cᴵᴱ, IMPRIMEURS-ÉDITEURS

56, RUE JACOB

LE
MONDE DES CHAMPS

I

L'intelligence de l'être. — La mémoire du cheval. — Histoire d'un âne malicieux.
La reconnaissance chez un âne.

Il est bien peu de nos animaux domestiques auxquels nous restions indifférents; mais il s'en trouve parmi eux quelques-uns qui finissent par accaparer notre intérêt plus que tous les autres, et ce ne sont pas toujours les plus beaux et les plus précieux. Nous avons déjà essayé de défendre l'âne contre quelques méchants dictons, dont on a fait l'honneur, bien à tort, « à la sagesse des nations », et qui, malgré leur flagrante injustice, n'en sont pas moins devenus d'indéracinables préjugés et ont exercé une cruelle influence sur la destinée du pauvre animal. En réalité, il en est de l'âne comme de certains esprits modestes, discrets et concentrés, dont il faut une longue observation pour discerner la valeur; il faut l'étudier pour reconnaitre que son mauvais renom, il le doit surtout à ses vertus, à sa sobriété, à sa patience autant qu'à sa faiblesse, et alors on s'aperçoit, non sans étonnement, que cette prétendue brute est, en somme, le plus intelligent de nos serviteurs, très supérieur sous ce rapport, non seulement au bœuf et au mouton, mais à son cousin le cheval. Sans doute, comme le chat, cette intelligence, l'âne ne la dépense guère qu'à son propre bénéfice; mais sommes-nous bien fondés à le lui reprocher, nous autres, chez lesquels la grande science de la vie consiste à toujours s'occuper de soi-même, — et des autres le moins possible?

Le cheval n'a d'intellectuellement remarquable que sa mémoire, qui est prodigieuse, surtout au point de vue de la topographie; il reconnaît toujours le chemin par lequel il a passé, ne fût-ce qu'une fois, et cela après un intervalle de plusieurs années; entre mille maisons, il discernera la porte devant laquelle son conducteur l'a déjà arrêté. Plusieurs fois, il nous est arrivé, étant perdu dans des forêts de plusieurs milliers d'hectares, et alors fort mal percées, et cela par des nuits tellement obscures que nous ne distinguions plus les oreilles de la monture, de nouer notre bride sur le cou de celle-ci et d'abandonner notre destinée à son instinct; jamais il ne nous a trompé, l'animal nous a toujours ramené à la maison, c'est-à-dire à son écurie. L'âne en ferait peut-être autant, car il ne nous paraît pas moins bien partagé sous le rapport de la mnémotechnie, mais il possède de plus ce qui manque au cheval : la faculté d'associer deux idées, de réunir deux faits différents, de les comparer et de se décider pour celui qui lui présente le plus d'avantages, ce qui doit être considéré comme le germe du raisonnement.

L'automne dernier, j'arrivais devant un pré en même temps qu'une petite charrette traînée par un âne; le sentier que nous suivions était bordé par un mince ruisseau qu'il fallait traverser pour arriver à un tas de fagots que le conducteur venait chercher. Nécessairement, en raison de l'horreur traditionnelle de son espèce pour le liquide élément, le baudet refusa énergiquement de poser son pied dans l'eau, bien qu'il ne risquât pas de se mouiller beaucoup au-dessus de ses paturons. Mais s'il était entêté, le maître ne l'était pas moins; les coups de bâton commencèrent à pleuvoir tant sur l'échine que sur les flancs de la bête, mais sans avoir raison de son héroïque résistance. Le conducteur

fut réduit à changer la direction de son attelage, à l'amener dans
le pré en reculant, de façon que l'animal passa le ruisseau sans trop
s'en être aperçu... Pendant que le bonhomme chargeait ses émondes,
je lui demandai pourquoi il s'était donné tant de peine et mis dans
la nécessité de maltraiter si cruellement la pauvre bourrique, quand
il y avait à l'autre extrémité du pré une autre entrée donnant directement et sans obstacle sur le chemin.

— Parce que c'était plus près et que je suis pressé, me répondit en
riant le paysan, mais si ce mâtin de bourri s'est acharné, c'est parce
qu'il connaît l'autre passage et qu'il le préfère par rapport à l'eau.
Vous allez voir si c'est vrai.

Alors, ayant terminé son chargement d'émondes, l'homme
poussa à demi-voix un « hue! » qui mit l'âne en mouvement; d'un
vigoureux coup de collier celui-ci enleva la petite charrette, et pointant
ses deux longues oreilles du côté de l'issue que j'avais indiquée, il
se dirigea tout seul vers elle et à un pas très allongé.

On reproche à l'âne son entêtement; on ne réfléchit pas que cet
entêtement est fort souvent l'indice d'un discernement très subtil.
L'âne se refuse énergiquement, quelquefois avec un véritable stoï-
cisme, à accomplir un acte qu'il sait d'avance devoir lui être nuisible
ou désagréable. J'en ai connu un exemple bien curieux et intéressant,
parce qu'il démontre également que cet animal est assez sensible aux
bons traitements pour ne jamais les oublier et qu'il est susceptible
de reconnaissance.

Celui-là avait mangé son pain blanc le premier. Il avait été acheté
à un an par un riche propriétaire qui le destinait à l'amusement de
son fils unique. Toutes les enfances sont charmantes; celle de l'âne
n'échappe pas à cette loi générale. Ce n'est que sous l'influence de
nos mauvais traitements et de la misérable condition que nous lui
ménageons qu'il devient la bête humble, mélancolique et quinteuse
sur laquelle s'est établie sa légende. Vif, léger, gai, toujours galo-
pant et cabriolant, l'ânon fit d'autant plus vite la conquête du petit
garçon qu'il était en même temps familier et reconnaissant; ils de-
vinrent tout de suite une paire d'amis. Aussitôt que l'enfant réussis-

sait à s'échapper du salon, c'était pour aller retrouver son âne enfoui jusqu'au jarret dans l'herbe d'une pelouse; le plus souvent celui-ci venait au-devant de son jeune maître d'aussi loin qu'il l'apercevait; après l'avoir caressé, l'enfant allait s'asseoir sur un banc et le baudet, appuyant sa grosse tête sur l'épaule de son ami, prenait le plus délicatement du monde les morceaux de pain, le sucre que la main du petit garçon lui présentait.

Le service de monture de l'animal ne fut pas beaucoup plus rude que ce farniente du premier âge. Malgré les attraits que les allures rapides ont toujours pour la jeunesse, l'âne ne trottait, ne galopait guère que suivant sa fantaisie; s'il rencontrait quelque coin de gazon attrayant sur les côtés du chemin, en dépit des admonestations du domestique présidant à cette ébauche d'équitation, le cavalier ne refusait jamais à sa monture le loisir nécessaire pour en tondre quelques largeurs de langue. Cette heureuse destinée d'ânon né coiffé, se prolongea jusqu'à ce le petit garçon eût atteint sa onzième année. A cette époque, celui-ci perdit son père; la veuve, qui préférait le séjour de Paris à celui de la campagne, y plaça son fils au collège; en même temps elle vida l'écurie, et l'âne fut vendu avec les chevaux.

Le baudet, ayant été acheté par un maraîcher du village, vit commencer pour lui une existence que ses débuts dans la vie ne lui avaient pas permis de soupçonner. Réduit à l'étrille de la nature, lui, jadis si soigneusement bouchonné, imparfaitement nourri et, par-dessus le marché, roué de coups, il lui fallait, tous les soirs, vers minuit, s'atteler à une voiture lourdement chargée de légumes, ayant pour appoint de lest le poids de son nouveau maître, et la brouetter au marché. Il ne revenait au logis que fort tard dans la journée, fouaillé tout le long du chemin pour accélérer son allure, harassé et le ventre vide, car il n'avait eu pour se sustenter que quelques feuilles de chou, glanées en passant sur les tas d'ordures de la ville. Je me figure que cette modification de son sort, pour lui inextricable, dut inspirer quelques réflexions au pauvre martyr, car, s'il supportait sa destinée, à coup sûr il n'y était pas résigné. En effet, chaque fois que la direc-

tion qu'on lui faisait prendre l'amenait à passer devant la grille de
la maison qui lui rappelait de si doux souvenirs, il s'arrêtait; au pre-

Le baudet avait été acheté par un maraîcher
de village.

mier cinglement de fouet, il
se couchait entre ses brancards
et restait immobile, étendu
sur la route, sans que ni les
menaces, ni les coups de bâton le décidassent à se remettre sur ses pieds. Il fallait le
dételer et lui faire prendre un
autre chemin. Cette protesta-
tion, l'âne la renouvelait même de nuit, pendant les trois ans qu'il
fut dans la possession du maraîcher, et cela était devenu si insupportable à celui-ci qu'il avait à peu près renoncé à passer par là.

Un jour cependant qu'il avait été forcé de prendre cette direction, le baudet, fidèle à sa tradition, s'étant couché, l'homme furieux, jurant, sacrant, commença de le frapper à coups redoublés avec un énorme bâton dont il s'était muni, dans la crainte de ce dénouement. Cette fois, la grille s'ouvrit; le jeune homme qui, en ce moment se trouvait au château, s'élança sur le chemin, en reprochant vivement sa brutalité au charretier. Celui-ci n'eut pas le temps de répliquer. Au son de cette voix, l'âne s'était remis spontanément sur ses pattes; il alla droit à son premier maître, le flaira, s'ébroua, puis commença à lui lécher le visage, comme il le faisait dans sa jeunesse. Il avait reconnu l'ingrat qui l'avait un peu légèrement oublié, et il le lui prouvait. Le collégien répara ses torts; bien que, pressentant la situation, le maraîcher manifestât des prétentions exorbitantes, l'âne lui fut racheté, réintégré dans son pré, et il finit ses jours dans ce paradis de son espèce où il les avait commencés.

Le *kief* oriental. — Aptitudes contemplatives du chat. — Histoire de la chatte Raton.

Dans un très agréable récit de voyage en Algérie, M. Cunisset-Carnot s'inscrit en faux contre la tradition élevant l'immobilité dans laquelle les musulmans se complaisent à la hauteur de la contemplation ou de la méditation, et il en démontre l'inanité.

« Allons au fond des choses, dit l'aimable écrivain. Si l'Arabe médite et contemple, sur quoi médite-t-il? Que contemple-t-il? Après avoir médité, l'on conclut; après avoir contemplé, l'on agit. L'esprit humain ne se contente pas de se replier sur lui-même : s'il lui faut l'immobilité extérieure durant le temps où il se recueille, c'est qu'il est semblable au ressort enroulé qui se détendra avec plus de force au moment de l'action... Et puis on ne peut contempler toujours; c'est surhumain, et pourtant l'Arabe conserve indéfiniment cette même attitude à décontenancer un fakir! Il ne fait rien, absolument rien; il ne pense à rien, absolument à rien. »

L'appréciation de M. Cunisset-Carnot nous paraît juste, et il y a lieu de le féliciter d'avoir osé rompre en visière avec le cliché obligatoire de tous les voyages au pays du soleil. Cet état négatif de la pensée constitue une jouissance à laquelle on doit d'autant plus aisément céder sous l'influence énervante des climats orientaux que nous-mêmes, gens du Nord, nous n'y sommes pas complètement réfractaires.

Ayant beaucoup plus observé les bêtes que les hommes, je n'ai

guère qualité pour me prononcer sur cette question; cependant, en
m'en rapportant à des sensations personnelles et en admettant par-

Sur les bords de la Marne.

faitement que cette disposition de l'esprit est une exception, je crois
possible de trouver un véritable charme à ne penser à rien du tout.

Que de fois, enfoui dans l'herbe sous quelque saulaie des bords de
la Marne, je me suis senti peu à peu pris par cet engourdissement

qui n'est pas le sommeil et qui n'est plus la vie, et dans lequel l'esprit se dérobe à la volonté. Le bruissement des feuilles des peupliers, le cliquetis des roseaux, le susurrement des remous, le bourdonnement du vol des libellules, l'ensemble de la douce musique fluviale caressaient mes nerfs, sans que j'en distinguasse les exécutants; tantôt mes yeux suivaient les taches d'ombre que les nuages faisaient glisser sur la nappe miroitante qui s'étendait à mes pieds, tantôt ils suivaient la course de ces nuages sur le ciel bleu, et, dans mon cerveau, les idées avaient pris le caractère fugitif de ces vapeurs, elles n'y surgissaient que pour disparaître; elles se multipliaient à l'infini, mais si ténues, tellement fugaces, qu'aimables ou cruelles, l'impression était aussi rapidement effacée que la ride produite sur la surface du fleuve par le corset blanc d'une hirondelle; ces idées se caractérisaient encore par une confusion les neutralisant les unes et les autres; je revoyais à la fois les morts bien-aimés, les vivants indifférents et amis, mais ils se présentaient comme un tourbillonnement de fantômes; je revivais des souvenirs, mais ils se présentaient pêle-mêle avec les espérances, les réalités grosses d'amertumes, avec les envolées vers quelque idéal; tout cela tellement indécis que j'éprouvais une véritable volupté à me dérober à leur pression, à refuser d'envisager une seule des facettes de ce kaléidoscope des hommes et des choses qui avaient jalonné mon existence, en un mot, à ne songer à rien. L'attrait de cette immobilité de l'esprit comme du corps, au milieu de ce qui me charme le plus dans la nature, était si puissant que les heures passaient rapides. Bien souvent, ce furent les reflets sanglants du soleil couchant sur les eaux d'émeraude de la rivière qui m'avertirent qu'il était temps d'en finir avec ce « kief » un peu trop oriental.

.*.

Pour rentrer sur un terrain qui m'est plus familier que la physiologie, j'ajouterai que ce passage du livre de M. Cunisset-Carnot me fait craindre d'avoir quelque peu surfait les aptitudes méditatives et contemplatives du chat, dans un texte écrit pour accompagner les charmants dessins d'Eugène Lambert, le Raphaël de la race féline.

Cette collaboration m'a nécessairement amené à laisser grossir le nombre de mes commensaux appartenant à cette espèce; quelques-uns de mes visiteurs le trouvent absolument exagéré. Que puis-je y faire, n'étant pas de ceux qui n'hésitent jamais à reporter « au coin du quai » la bête qui a cessé de leur plaire? Se résigner en se disant que, fussent-ils chats, on n'a jamais trop d'amis. Quelquefois désobligeante, cette profusion m'a permis de les observer à loisir et avec suite, et j'en ai conclu que le chat réfléchissait probablement beaucoup moins qu'il n'en a l'air, exactement comme ses compatriotes des pays du Levant. Après les poètes, Gautier, Baudelaire, Jules Lemaître, je me suis laissé abuser par ce cristallin si parfaitement diaphane tant que la prunelle s'y efface, et j'ai conclu de cette surprenante profondeur du regard que l'animal devait être accepté comme un rêveur déterminé. Peut-être non.

Il se peut très bien que le chat, dans ses phases si fréquentes d'immobilité sans sommeil, savoure tout simplement les ineffables jouissances du repos de la cervelle, quand elle se complète par une détente de tous les muscles, qu'il ne connaisse, comme les Arabes, que l'état de la béatitude qu'on peut trouver à ne pas bouger en ne songeant à rien. Tous ces félins, si ardents, si violents dans l'action, se retrempent par la paresse; ils en usent avec délices. Leur cerveau me paraît du reste beaucoup moins impressionnable que celui du chien, qui ne dort presque jamais sans rêver. Sans doute le sommeil du chat connaît également le rêve, mais il est infiniment moins fréquent, les sensations sont moins fortes; on ne l'entend jamais ou miauler ou gémir quand il dort.

Tous ces félins si violents dans l'action.

.·.

Pour exiger moins de profondeur, moins de subtilité intellectuelle, pour être moins variée, moins féconde que l'étude du cœur et de l'esprit humains, l'observation des mœurs et des instincts des animaux n'en est pas moins très attractive; elle peut suffire à la satisfaction de celui qui a prudemment borné ses horizons aux limites de son jardin. Cette observation, il y a des années que nous la pratiquons et nous sommes bien souvent étonné par les surprises qu'elle nous réserve dans le champ fort étroit où elle s'exerce.

Ce qui se passe sous nos yeux a certainement plus fortifié qu'affaibli notre affection pour cette admirable machine aimante qui est le chien; mais en même temps, nous devons l'avouer, le chat s'en est trouvé singulièrement relevé dans notre estime. Ce que nous prisons surtout dans le premier, en parfaits égoïstes que nous sommes, c'est la docilité avec laquelle il accepte sa servitude, la complaisance avec laquelle il se prête à nos caprices, son dévouement, que les plus mauvais traitements ne parviennent pas à altérer; nous avons si complètement assujetti à nos volontés ses instincts et son caractère, qu'en dehors de certains cas accidentels de révolte, on pourrait dire qu'ils ne lui appartiennent plus. Le chat, au contraire, n'accepte de la sujétion que ce qui lui en convient; si humble que soit son rang dans la hiérarchie domestique, il reste quelqu'un; s'il possède quelque originalité spéciale, il la conserve, et force nous est de transiger avec ce qui nous gêne dans son tempérament et dans son humeur; aussi est-il d'une étude particulièrement intéressante.

Il y a cinq ans, j'ai sauvé de la noyade un petit chaton en dépit des objurgations de l'exécuteur des hautes œuvres qui s'évertuait à me représenter que le petit être sur lequel s'arrêtait ma sollicitude en était de tous le moins digne. Effectivement, le pauvre diable se trouvait être le plus laid de la petite bande vagissante, mais je persistai, ne me croyant pas tenu d'expliquer à cet homme que c'était précisément de cette laideur que s'inspirait mon intervention, attendu qu'avec des avantages extérieurs quadrupèdes ou bipèdes se tirent toujours d'affaire en ce bas monde. Bien entendu, je n'en restai pas là, je continuai à prodiguer au chaton grandissant les témoignages de mon intérêt, veillant à ce que son écuelle de lait, sa pitance de mou, ne fussent jamais oubliées. Ce n'était plus par sa laideur qu'il me captivait; en grandissant, Raton était devenu un chat comme un autre, et sous sa fourrure d'hiver, il ne manquait même pas d'un certain prestige; mais j'avais déjà cru démêler que mon élève exagérait l'égoïsme dont son espèce est accusée, et j'étais décidé à voir si, à force de gâteries, je ne réussirais pas à en triompher.

Je me mis à cultiver cet égoïsme avec la persévérance et les soins que des savants apportent à la culture de leurs microbes, non pas dans un bouillon quelconque, tout simplement en exagérant les bons traitements. Sans en être plus fier, je doute fort qu'aucun de ces savants ait obtenu un résultat aussi triomphant que le mien; en matière d'égoïsme, je puis me vanter d'avoir contribué à réaliser la perfection, et je doute fort que, même chez les hommes, il soit possible de rencontrer une créature qui, pour le culte de sa personne, soit en mesure de lutter avec mon chat; cet égoïsme, il est bien rare que, chez nous autres, il ne s'entache pas de bassesse et de platitude; avec la fierté indépendante du félin, mon élève reste constamment dédaigneux et superbe.

Aux débuts de mon œuvre, je m'étais attaché à combler le chaton de prévenances et de gâteries; j'avais cru naïvement qu'en le nourrissant de ma main, en lui prodiguant les meilleurs morceaux, en poussant la déférence jusqu'à le servir avant moi, la reconnaissance et la gourmandise développeraient chez mon jeune pensionnaire un attachement de nature à rivaliser avec celui du chien; l'indifférence avec laquelle il accueillait mes soins ne tarda guère à me démontrer mon erreur, et ce fut alors que je continuai de le traiter en fils de famille, dans le but de mesurer jusqu'à quel point pouvait s'élever dans cette nature féline l'affranchissement de la gratitude.

L'expérience dure depuis un an, et j'ai réussi mieux que je ne l'aurais cru possible.

Après un an de la vie de prébendaire que je lui ai ménagée, Raton,

La chatte s'installa sur la chaise la plus voisine.

— bien qu'il appartienne au beau sexe de son espèce, c'est à ce nom masculin qu'il répond, — ne se montre ni plus caressant ni plus aimable ; il gronde toujours sourdement lorsque je m'avise de passer ma main sur son échine, comme pour m'apprendre que ce ne sont pas ces vaines démonstrations qu'il attend de moi ; il faut qu'il soit dans ses bons jours pour tolérer que je lui gratte légèrement l'occiput, un chatouillement auquel ses confrères en chatterie sont ordinairement très sensibles. Si je l'appelle, Raton tourne légèrement la tête pour me montrer qu'il m'entend, mais il ne se dérange que si la promenade lui convient ou bien s'il soupçonne l'invite de pouvoir aboutir à quelque rogaton. En revanche, à peine suis-je assis devant mon assiette que je vois la chatte surgir et s'installer sur la chaise la plus voisine; toujours à la même place, les deux pattes de devant placées précisément sur le pied de devant de sa chaise, elle reste là pendant tout le repas, les yeux invariablement fixés sur moi, attendant les petits morceaux que je me fais un devoir de lui offrir.

Je dis « attendant », car jamais elle n'a eu la condescendance de solliciter, soit par un miaulement, soit par un mouvement de la patte; elle garde impassible une complète immobilité, convaincue que je ne saurais me soustraire au payement d'une dette que sa conscience de chat considère certainement comme sacrée; la régularité avec laquelle je l'acquitte a bien pu, il est vrai, la confirmer dans cette conviction. Le repas terminé, elle s'en va d'un pas lent, presque solennel, et on ne la voit plus que lorsque le couvert sera mis.

.*.

Et n'allez pas en conclure que Raton est réfractaire à toute amitié humaine? Non, mais il entend placer son affection où bon lui semble. Il a été à une petite servante qui, perpétuellement, le taquinait, lui frottant le dos à rebrousse-poil, lui tirant les oreilles, le fustigeant quand elle le devait et avec un tel entrain que bien des fois je dus m'interposer. Rien n'empêchait son attachement pour la jeune fille de se manifester sans relâche; aussitôt qu'elle était assise, la chatte s'installait sur sa jupe, allongeant sa patte pour la contraindre à lui accorder quelque attention; si elle allait cueillir des fruits, brosser quelque chose dans le jardin, Raton la suivait pas à pas, s'arrêtant quand elle s'arrêtait, ne laissant échapper aucune occasion de lui prodiguer ses démonstrations caressantes, et persévérant des heures entières dans ce manège.

L'automne dernier, la jeune fille s'étant mariée est partie. Bien qu'aussi ponctuelle que jamais à venir retrouver son escabeau, Raton fut visiblement triste. Mais sa mélancolie dura si peu que j'en fus étonné; la finaude avait découvert que son amie habitait dans le voisinage et qu'il lui suffisait de traverser un jardin pour se rendre auprès d'elle. Depuis lors je ne vois plus ma chatte, qui préfère probablement ma cuisine à celle du jeune ménage, qu'aux heures des repas. Je l'aperçois d'abord cheminant gravement sur le mur: elle s'agriffe au tronc d'un gros lilas, descend par cette échelle dans la cour, miaule pour qu'on lui ouvre la porte et vient s'asseoir sur son tabouret, où elle attend patiemment les témoignages de ma munificence. Quand elle a fait la part à son estomac, elle songe à donner satisfaction à son cœur et s'en retourne comme elle est venue.

Que l'on dise encore des chats qu'ils ne s'attachent qu'à la maison qu'ils habitent et qu'ils ne possèdent pas une saine pratique de la vie!

III

Les oiseaux migrateurs partagent le privilège de nos voyageurs, bien qu'il ne leur soit pas possible de nous faire jouir du souvenir de leurs explorations; ils s'imposent à notre intérêt. Les espaces qu'ils ont traversés les ont imprégnés d'une sorte de poésie muette qui nous captive. L'hirondelle qui nous vient des déserts du Sud, les palmipèdes qui nous arrivent des solitudes du Nord en ont emporté comme un reflet que notre imagination traduit en une vague image de ces contrées inconnues. Je me figure que, sans qu'il le soupçonne, le chasseur le plus positif cède à cet attrait quand il vise à la conquête de l'un de ces pèlerins; c'est là surtout ce qui attache à la chasse des oiseaux de mer dont le profit est gastronomiquement si médiocre.

Un brave meunier de notre connaissance ayant eu la chance très extraordinaire de tuer une oie des neiges, *Chen hyperboreus*, espèce spéciale à la partie septentrionale du nouveau continent et se montrant bien rarement sur le nôtre, ne la qualifia pas « le plus beau jour de sa vie », comme eût fait M. Prudhomme, mais peu s'en fallut, car cet événement mémorable devint la date à laquelle se rapportaient tous les incidents de sa vie. Il disait : « C'était dix ans après l'année où je tuai mon oie des neiges ». Elle était restée son point de repère. trente-cinq ans après, lorsqu'il passa de vie à trépas.

J'ai été longtemps hanté par l'ambition d'inscrire un de ces coups de fortune sur mon calepin; elle n'allait pas cependant jusqu'à réaliser

un quasi-miracle comme mon ami le meunier; elle visait modestement
une variété d'anscridés, que l'on voit sur nos côtes de l'Océan presque
tous les hivers, la bernache. Les bernaches ont le Spitzberg pour
patrie. Peut-être viennent-elles de plus loin encore. Dernièrement,
un naturaliste assignait comme habitat des palmipèdes grands voi-
liers, la mer libre soupçonnée dans le cercle polaire et défendue
contre nos curiosités par le rempart des gigantesques banquises de

L'oie hyperborée.

l'extrême Nord, et il étayait sa supposition d'arguments la rendant
assez vraisemblable.

Quel que soit leur point de départ, les bernaches ne se montrent
chez nous que dans les hivers rigoureux, tiennent toujours la mer,
quittent rarement les côtes et ne s'aventurent qu'accidentellement
dans l'intérieur des terres. Ce sont de fort beaux oiseaux tenant le
milieu, pour la taille, entre l'oie et le canard, au plumage d'un joli
vermiculé, tranchant sur le noir des ailes et remarquable par le
segment de collier blanc qu'ils portent de chaque côté de leur cou.
Pendant plusieurs années, j'ai guetté les bernaches tantôt dans la
baie de Quiberon, tantôt aux accores de l'île de Bréhat, dans cette em-
bouchure du Trieux beaucoup trop négligée par les amis du pittoresque. J'en voyais souvent plusieurs bandes; j'ai pu leur envoyer

quelques coups de fusil, toujours sans succès. Notre saint patron me
devait une revanche.

    Un hiver, j'étais allé chasser sur les bancs de la Somme, et, comme
de coutume, descendu au Crotoy. Un matin, Lala, le patron du bateau
qui me conduisait d'ordinaire, m'annonçant qu'il avait été frété par
une bande de Parisiens qu'il devait conduire au Tréport, me proposa
de me joindre à eux, en m'assurant que je trouverais certainement à

La petite sauvagine.

tirer de la sauvagine dans la traversée et peut-être à tuer un phoque!
— Faire tuer un phoque à l'un de ses clients était le rêve permanent
de Lala. J'acceptai, bien que je ne connusse aucun des passagers,
trois dames et deux messieurs.

    Un type curieux, ce Lala, et qui mériterait un croquis ; ce vieux loup
de mer hâlé, tanné, culotté, ratatiné se targuait surtout de son exquise
courtoisie envers les dames. « Tel que vous me voyez, disait-il, je
n'ai jamais fumé, même sous le vent, devant le sexe, parce que ça
l'incommode! » Il se rattrapait, il est vrai, avec la chique et le plan-
cher de la barque, devant la barre où il était assis, en montrait
d'irrécusables témoignages.

Pendant une heure environ, la mer étant unie comme un lac d'huile, tout alla bien à bord du bateau; mais à dater de ce moment une des passagères commença à donner des signes d'impatience, puis de détresse. Elle s'agitait sur son banc, mordillant son mouchoir, se penchant vers sa voisine pour lui parler bas; je ne savais que penser; cependant, comme les couleurs de son visage ne s'étaient pas altérées, il était évident que la dame n'était pas aux prises avec les premières atteintes du mal de mer. Lala, qui était assis en face de la jeune femme, eut plus de pénétration que moi. Il lâcha la barre et quitta son banc :

— Je sais ce que c'est, dit-il. Tous les mâles, allez à l'avant!

Bernaches et cravants.

En même temps, il abattit la voile à mi-mât, ôta son chapeau de cuir bouilli, le posa devant les dames, puis, ajustant sa toile en forme de rideau et s'asseyant sur ses plis :

— Maintenant, reprit-il, mes petites mères, vous êtes chez vous, ne vous gênez pas plus que dans votre chambre.

On riait à se tordre à l'avant, on chuchotait à l'arrière. Quand Lala trouva le délai suffisant, il remonta sa voile, assujettit son écoute,

ramassa son chapeau, le vida, le secoua, le remit sur sa tête, puis
reprit sa place à la barre avec la physionomie satisfaite d'un homme
qui vient d'accomplir une bonne action.

En ce moment, nous débouchions dans la Manche. Un gros oiseau,
que d'autres préoccupations m'avaient empêché d'apercevoir, se leva
à moins de vingt mètres de la barque.

— Mais tirez donc, espèce de *faignant!* me cria le vieux marin.

Je fis feu et l'oiseau tomba. Quand nous eûmes réussi à l'accoster,
je reconnus la bernache si longtemps convoitée. J'avais d'autant plus
lieu de m'en féliciter que ces oiseaux ne sont presque jamais isolés
et qu'on les voit rarement dans la baie de la Somme. Cependant, je
dois l'avouer, ce fut surtout l'acte de galanterie de Lala qui a gravé
dans ma mémoire le souvenir de ma première et unique bernache.

*
* *

Nous nous sommes quelquefois demandé si les migrateurs possèdent réellement la prescience des révolutions atmosphériques; les
hirondelles auront prouvé cette année que, sous ce rapport, leur instinct est bien rarement en défaut. Des chaleurs intenses avaient caractérisé la première moitié du mois de septembre, elles ont plusieurs
fois dépassé les ardeurs solaires de la canicule; nous avons eu des
journées où elles étaient intolérables. A la date du 13, rien ne faisait
prévoir une modification de la température; le samedi 14, bien que
le vent qui soufflait du Nord eût fraîchi, comme disent les marins, la
chasse en plaine restait excessivement laborieuse. Or, au matin de ce
même jour, les hirondelles de notre village quittaient leurs quartiers
d'été en transit vers le Sud, et ce ne fut que le surlendemain, le
lundi 16, que nous fîmes la désagréable connaissance d'une première gelée blanche. Contre leurs habitudes, la consigne a dû être
générale, car elles ont laissé peu de retardataires; les trois ou quatre
traînards que nous avions observés le lendemain ont probablement rejoint le gros de leur armée, car ils ont disparu. Le 19 seulement, un

convoi considérable de ces oiseaux a passé au-dessus de nos têtes, voguant vers le Midi, à très grande hauteur. Ces hirondelles, qui s'étaient montrées moins avisées que les nôtres, devaient venir du Nord.

Les citadins ne comprendront guère que la disparition de nos hôtes ailés prenne pour les campagnards les proportions d'un gros événement et que ce soit avec un profond serrement de cœur qu'ils la constatent. On taxe assez souvent de vaine sensiblerie ceux qui parlent des petits oiseaux avec quelque tendresse. On se trompe; ces oiseaux ne sont qu'un prétexte pour nous apitoyer sur notre propre destinée. Loin de plaindre les hirondelles, nous leur envions le privilège de n'avoir qu'à ouvrir leurs ailes pour retrouver l'astre qui vivifie. Leur départ nous attriste, parce qu'elles emportent avec elles le perpétuel et joyeux mouvement aérien qu'elles représentaient depuis cinq mois; parce qu'elles vont laisser le ciel vide, triste, morne, et parce qu'en même temps tout ce qui est parure, tout ce qui est joie, tout ce qui est charme dans la nature s'évanouira, comme se sont évanouies les voyageuses; parce qu'enfin aucun de ceux qui ont suivi du regard leur vol tourbillonnant s'enfonçant dans la brume ne saurait dire s'il pourra saluer leur retour lorsque les tiédeurs du mois de mai nous les ramèneront.

Puisqu'en plein dix-neuvième siècle tout voisin est devenu un ennemi donné par la nature, contre lequel il faut armer le ban et l'arrière-ban des gens et des bêtes, il est question de soumettre les hirondelles au recrutement, afin qu'elles figurent dans nos futurs contingents, comme messagères bien entendu. Nous avions déjà le pigeon et le chien; l'hirondelle leur serait-elle supérieure? Il y a du pour et du contre; plus petite que le pigeon, d'un vol encore plus rapide, l'hirondelle échapperait plus aisément aux embûches et aux dangers; restent les difficultés d'une domestication assez parfaite pour inculquer à l'oiseau rallié l'amour du gîte en dehors de la période des amours et de la maternité; celles-là nous paraissent assez loin d'être complètement surmontées.

Nous avons connu plusieurs tentatives d'apprivoisement, sinon de réduction des hirondelles : il y a une trentaine d'années, peut-être davantage, — nous nous embrouillons dans les chiffres quand ils sont gros, — nous avons visité un petit élevage d'hirondelles dans une mansarde de la rue Laffite; elles appartenaient au concierge de la maison; il en possédait une vingtaine, les nourrissait d'insectes, de mouches et d'une pâtée dont il avait le secret; bien qu'on fût en plein hiver, elles étaient vives, alertes, fort gaies et surtout curieuses de familiarité, venant toutes se poser sur la tête, les épaules, les bras et les mains de leur maître aussitôt qu'il entrait dans leur réduit. C'était, nous dit-il, leur seconde année de captivité.

A une date beaucoup plus rapprochée, nous avons vu, en la possession d'une très brillante et très aimable cantatrice, une hirondelle tombée de son nid, qu'elle avait eu la charité de ramasser et d'élever. Celle-là ne fut jamais complètement privée de sa liberté; elle vivait dans l'appartement de sa maîtresse, mais celle-ci l'emportait toujours à la promenade et s'amusait à la mettre à l'essor; l'hirondelle décrivait autour d'elle de larges volutes en jetant de petits cris joyeux; mais elle ne tardait jamais à les rétrécir pour revenir à son gîte, fort attrayant du reste, puisque c'était le corsage de la jeune femme. Cette hirondelle traversa l'hiver, nourrie de mouches, dont la cantatrice exigeait un tribut de tous ses amis, assez nombreux pour que l'oiseau ne risquât point de mourir de faim.

Malheureusement, bien que très probablement la jolie artiste eût été à même d'apprécier la pernicieuse influence du dieu malin, elle ne songea point à y soustraire son élève; elle continua de tolérer ses écoles buissonnières; le printemps était revenu, et avec lui les émigrantes. La petite hirondelle rencontra parmi ces dernières un cœur disponible qui lui fit oublier sa première amie; elle ne revint jamais. Espérons cependant que les joies que lui ménagea son nid de terre glaise ne l'empêchèrent pas de donner un regret au charmant asile de sa jeunesse que lui avaient envié tant d'honnêtes gens.

IV

1 avril 1895.

L'apparition des hirondelles a déjà été signalée dans le Centre et, d'une façon très positive, dans la région du Médoc. Il s'agit probablement de quelques éclaireurs d'avant-garde ayant pour mission de tâter le pouls à la température du gîte estival; il est donc à présumer que le littoral de la Méditerranée, première étape ordinaire des émigrantes à leur retour, n'a pas été moins favorisé que le Bordelais et qu'il possède comme celui-ci au moins quelques échantillons de ces aimables hérauts du printemps.

Ces précautions préliminaires, dont chaque année nous relevons quelques exemples, nous paraissent battre assez fortement en brèche la théorie du machinisme des bêtes; elles indiquent chez ces oiseaux une entente préalable avant de se mettre en route, nous n'osons dire un plan de campagne parfaitement préconçu, bien qu'il ne soit pas déposé chez un notaire. Si l'instinct suffisait pour révéler aux hirondelles l'état de la température dans le lieu vers lequel elles se dirigent, elles auraient en lui une confiance absolue et se passeraient de ce luxe d'émissaires. Au contraire, nous les voyons s'avancer vers le Nord avec quelque lenteur, réhabilitant le système si décrié des petits paquets, de façon que le gros des bandes ne se présente à la station définitive que lorsqu'il est complètement assuré de s'y trouver dans les conditions que réclame son organisme.

Nous n'avons plus que quelques jours à patienter pour voir ces gracieuses filles de l'air évoluer autour de nos maisons. En 1890, elles arrivèrent dès le 27 mars; en 1888, elles avaient débarqué le 12 avril seulement, et le 7 avril en 1889; il est vrai qu'en 1888 nous avions essuyé des neiges tardives dont les traces ne disparu-rent qu'à la fin de mars. Il est donc vraisem-blable que, malgré l'abaissement de la température qui vient de succéder à une interminable série de tempêtes, le 15 avril ne se passera pas sans que nous soyons en possession de nos charmantes pensionnaires de l'été. Tant qu'elles ne sont pas là, le ciel reste vide et singulièrement triste. Un seul oiseau séjourne constamment autour de nos maisons, le moineau franc, mais il n'en anime nullement les alentours. Son vol brusque de trajectoire qui va le porter d'un point à un autre n'a pas plus de caprices que d'élégance; il ne mouvemente pas l'atmosphère comme le vol de l'hirondelle.

La mésange.

Quant aux autres petits migrateurs qui nous sont revenus, nous ne les voyons guère; leurs premiers moments, ils les consacrent aux bosquets, aux buissons qui seront le théâtre de leurs amours et de leurs maternités. Leur voix seule nous révèle leur arrivée, il faut les guetter pour les apercevoir, car nécessairement leur débarquement et leurs installations leur donnent beaucoup d'occupations. Le choix d'un emplacement pour le nid est un souci qui se traduit quelquefois avant les préliminaires obligatoires; nous avons vu un mâle de mésange inventorier les uns après les autres et du haut en bas les troncs d'une demi-douzaine de gros arbres, y cherchant probablement quelque petite cavité favorable à l'érection de son domicile. Nous n'avons pas encore entendu le rossignol, un autre voyageur du mois d'avril, qui, cheminant à petites journées, doit être certainement en route; en revanche, tous les jours nous avons l'aubade matinale du merle pour nous éveiller.

Avec son plumage de deuil, le merle est un de nos oiseaux les plus joyeux; l'éclat de son bec, d'un jaune brillant, tranche sur la couleur funèbre de son plumage; il ne cherche pas l'homme, mais il ne le fuit pas davantage et installe volontiers ses pénates dans le voisinage de nos habitations. La nomenclature des oiseaux qui habitent cette immense forêt de pierres de taille qui est Paris est fort longue et toutes les espèces y sont représentées au moins momentanément; mais après le moineau franc, je ne crois pas qu'il y en ait une seule qui le soit aussi largement que celle du merle. Il n'est pas de jardins un peu vastes et dont les murailles sont pourvues de lierre qui ne soient habités par quelques-uns de ces aimables réveille-matin, et leurs voisins ne doivent pas s'en plaindre, car la diane qu'il est toujours le premier à siffler est d'une allure si gaie qu'elle inspire la bonne humeur à ceux qu'elle éveille.

A son signal, tout le clan des oisillons sortant leurs têtes de dessous leurs ailes se met à saluer dans sa langue le jour naissant, chacun suivant les moyens dont il dispose, les uns par des chants harmonieux, d'autres en se contentant d'une modeste ritournelle, quelques-uns aussi par des piaillements assez discordants, accompagnement nécessaire de quelque bataille, car cette saison des amours est aussi la saison des combats singuliers; l'être ne montre pas plus d'acharnement quand il lutte pour sauvegarder sa vie que lorsqu'il s'agit d'assurer la perpétuité de son espèce.

* *
*

Beaucoup de migrateurs sont doués d'un instinct social nettement caractérisé et accusent un très vif sentiment de solidarité. Ce ne sont

pas seulement les hirondelles qui se réunissent à l'heure solennelle
de la migration quand elle vient pour elles; les grues ont une ou
deux assemblées générales, sorte de congrès dans lesquels, si l'on en
juge par les clameurs dont ils sont l'occasion, la discussion sur le
plus ou moins d'opportunité du départ est aussi mouvementée, aussi passionnée que les débats de l'une de nos Chambres lorsque la politique est en jeu.

D'autre part quelques échassiers, plusieurs espèces d'oiseaux de rivage ne semblent pas pouvoir se décider à abandonner leurs frères en détresse. Plus d'une fois, dans la baie de la Somme, il nous est arrivé de tirer sur une de ces petites mouettes qui vont par bandes et qu'on appelle là-bas

La grue

des *ternaros*. Lorsque l'une d'elles tombait sous le plomb, les autres, loin de s'enfuir, voletaient au-dessus de la victime agitant vainement ses ailes désemparées et impuissantes sur les vagues; elles passaient et repassaient autour d'elle, la rasant quelquefois de si près qu'on eût dit qu'elles voulaient essayer de la relever et de l'entraîner; d'autres coups de fusil abattaient encore deux ou trois autres oiseaux; les cris redoublaient, mais les survivantes étaient

cependant longtemps à se décourager. Quoique je fusse jeune alors
et quelque peu possédé de cette rage de tueries qui caractérise les
chasseurs, l'héroïque ténacité de ces pauvres mouettes a souvent mis

Les mouettes.

mes sauvages appétits en
déroute et m'a laissé honteux et penaud. Certaines
espèces de pluviers, et particulièrement les pluviers
guignards, essayent également de venir en aide à un
camarade blessé, et les chasseurs, fort insensibles à cette générosité,
en profitent toujours pour les réunir au premier en bon nombre.
Enfin, dans nos bois, la pie et le geai ne manquent jamais d'accourir
au cri de détresse de l'un de leurs semblables. C'est en raison de
tous ces faits qu'il ne nous paraît pas du tout invraisemblable que

les migrations d'un oiseau aussi sociable que l'hirondelle ne soient
beaucoup plus méthodiquement organisées que nous ne le suppo-

Le pluvier doré.

sons et qu'elles aient pris certaines précautions contre les incertitudes
de la température.

En réalité, en ce qui concerne les migrations et les migrateurs,

notre ignorance est absolue et nous ne faisons rien pour en sortir. Ces
étonnantes traversées des oiseaux, nous ne savons pas comment elles
s'opèrent, et pas davantage les points précis où les unes et les autres
aboutissent; nous n'avons rien découvert de l'instinct prodigieux ou
du sens inconnu qui guide ces êtres à travers l'espace, dans l'obscurité, en dépit des tourmentes; nous ne sommes pas même d'accord
sur les conditions que doit remplir l'aire des vents pour que tel ou
tel de ces voyageurs effectuent leur passage. Tout cela est cependant
sinon tangible, au moins visible, et, nous en sommes convaincu,
si les naturalistes de notre hémisphère se livraient à des observations
simultanées et concertées, le voile qui nous cache ce phénomène de
la vie naturelle ne tarderait pas à être soulevé. Mais non; notre curiosité est uniquement concentrée sur ce qui se passera pour nous
outre-tombe; sur ce point, il n'est personne qui ne soit absolument
renseigné; les uns vous affirmeront que c'est la fin, les autres vous
jureront que c'est le commencement! Ce secret de l'avenir ne devrait
cependant que médiocrement nous intéresser, puisque l'unique certitude de toute existence, c'est que tôt ou tard ce secret lui sera révélé.
Peut-être serait-il sage, en attendant sans aucune impatience cette
inéluctable confidence, de consacrer le sursis qu'elle nous accorde à
l'étude de ce qui doit si tôt se dérober à nos yeux.

V

Le vol de l'hirondelle m'a toujours inspiré une très vive admiration; je le tiens pour une des plus superbes manifestations de la locomotion aérienne. Il réunit à la fois la puissance, la rapidité, l'aisance et la grâce; quand la marche de l'oiseau est directe, il est impossible de surprendre la moindre vibration dans ses ailes; ce n'est que dans les courbes, les virages, qu'elles s'inclinent avec une merveilleuse élégance; l'hirondelle plane avec une assurance que, n'était sa taille minuscule, on qualifierait de majestueuse. Véritable fille de l'atmosphère, l'air est son élément; c'est par lui uniquement et pour lui qu'elle existe; il lui fournit sa nourriture, tandis que le pigeon, comme elle un rameur d'élite, est rivé à la terre par ses besoins.

Mes prédilections pour le vol des hirondelles m'ont amené à prendre pour but de mes observations presque quotidiennes deux cheminées d'une chaumière voisine, dans l'une desquelles un couple de ces oiseaux avait installé son nid. Il me réservait bien des surprises; la plus vive fut la répétition presque continue des allées et venues du père et de la mère après l'éclosion. Il faut croire que, comme les nourrissons de la plantureuse Normandie, les petites hirondelles ne se décident pas à lâcher la mamelle; chacun des nombreux voyages des parents, j'en ai compté trente-sept en une heure, devait aboutir à l'ingurgitation d'une becquée, c'est-à-dire d'un insecte qui, pour ces oisillons, les *azotophores* de Berthelot par excellence, représente le lait maternel; le séjour des nourriciers auprès du nid ne se prolonge ja-

Un nid d'affamés.

mais au delà de trois ou quatre secondes, le temps de prendre et d'avaler. Nos hirondelles s'arrêtaient rarement sur les bords de la cheminée avant de piquer une tête dans son intérieur; presque toujours elles la contournaient par une gracieuse ellipse, s'élevaient d'une vingtaine de centimètres au-dessus du trou noir, pour y plonger de plein vol et en ressortir presque aussitôt de la même façon.

La chasse du matin paraît la plus laborieuse, car c'est alors que les visites au nid sont le plus espacées. Engourdi par le froid de la nuit, l'insecte fait la grasse matinée; il faut qu'un rayon de soleil ou la tiédeur du jour l'aient réchauffé dans l'asile où il s'est abrité pour qu'il se décide à se mettre en mouvement et à user de la vie. Le milieu de la matinée, de dix heures à midi, est le moment où la nourricerie m'a semblé être la plus active; au contraire, le soir, elle se prolonge fort tard; sans être précisément noctambule, le peuple des petits moucherons profite de la tiédeur des soirées pour prolonger la fête. Bien souvent, à l'heure où commence la nuit, il m'est arrivé de voir, rayant le clair-obscur d'un trait noir, une de mes hirondelles regagnant son gîte, et cependant, depuis longtemps déjà, les autres oiseaux sommeillaient sous leurs frondaisons.

La cheminée dans laquelle le ménage d'hirondelles avait établi le berceau de sa famille appartenait à un bûcheron qui partait avant le jour et dont le foyer ne s'allumait que le dimanche. Mais cela m'a suffi pour vérifier combien les petites locataires étaient indifférentes aux inconvénients de la fumée. Cette fumée n'était point, il est vrai, celle de la houille, épaisse et nauséabonde, mais celle d'un honnête feu de bois, s'élevant en nuages d'un gris bleuâtre que les oiseaux traversaient sans hésiter un instant; une fois cependant, une brassée de copeaux ayant été probablement jetée dans l'âtre, elle devint très dense au moment où l'une des deux hirondelles arrivait pour remplir ses maternelles fonctions; elle ne ralentit pas son vol, mais, suffoquée peut-être, elle se renversa en arrière, exécutant une véritable culbute de clown, reprit immédiatement son essor, tourna trois ou quatre fois autour de la maisonnette, puis, profitant d'une accalmie, elle se précipita dans le nuage, y disparut, et enfin revint presque aussitôt sans paraître plus incommodée que d'ordinaire. Il resterait à savoir comment les petits dans leur nid n'ont point à souffrir du passage de cette fumée, quelquefois beaucoup plus fréquent que chez mes voisins; la nature y a probablement pourvu, puisque cette variété de l'hirondelle manifeste une prédilection presque constante pour les établissements où elle est nécessairement exposée à ces accidents.

VI

Fiançailles fleuries.

Le printemps, c'est à Paris qu'il faut aller pour en surprendre les premières manifestations, pour en aspirer les doux effluves; le printemps, il encombre quelques-unes de ses boutiques, il court ses rues sous la forme de bouquets de violettes, de bottes de roses, de paquets de réséda et de rameaux de mimosas perlés de jaune, grâce auxquels les plus pauvres peuvent faire la nique à la neige dans laquelle ils piétinent. Ce luxe des fleurs mises à la portée de tous est un bienfait. C'est déjà quelque chose que d'avoir entamé, sous ce rapport, le monopole des jouissances réservées depuis tant de siècles aux privilégiés de la fortune; d'autres conquêtes suivront celle-là, il faut l'espérer.

Nécessairement les riches ont toujours le gros lot, mais ils savent ce que coûte cette ornementation charmante de leurs salons, car à l'encontre des petites charrettes, les boutiques ne donnent point leur marchandise. Nous avons vu taxer à un demi-louis une maigre fleur de gardénia, et des chrysanthèmes, très beaux il est vrai, vendus au même prix; ce détail est insignifiant, on ne marchande pas plus avec la mode qu'avec la vanité; d'ailleurs si, comme la cuisinière le prétend, le lièvre préfère attendre, comme le lapin le bourgeois aime à être écorché vif.

Cependant nous avons connu une union qui avait été décidée par

les prix peut-être un peu exagérés de ces fleurs. Un lieutenant de vais-
seau en congé à Paris fut présenté par sa tante dans la famille d'un
banquier ayant une fille aussi accomplie moralement que physique-
ment; il en devint tout de suite éperdument amoureux. Le financier
paraissait fort riche. On parlait haut d'un million de dot, mais, pro-

Le lieutenant trouva sur la table du salon sa corbeille fleurie.

fessant l'horreur des jugements téméraires, je jurerais que la fasci-
nation du vil métal n'était pour rien du tout dans cette passion. Le
père du marin, contre-amiral en retraite, arriva à Paris; la demande
fut agréée et le mariage fixé au mois suivant. Promu au grade de
fiancé, le lieutenant se souvint qu'il était d'usage d'envoyer un bou-

quet de fleurs blanches à la future et il se rendit chez un fleuriste en renom.

Celui-ci lui fit respectueusement observer que le bouquet virginal était affreusement démodé; le progrès lui avait substitué une corbeille de fleurs, qui serait renouvelée trois fois par semaine, et dont le prix, par abonnement, était de 300 francs également par semaine. De la sorte il n'aurait même plus à se déranger, l'ordre serait ponctuellement exécuté et il règlerait après la noce. Le soir, effectivement, en arrivant chez son futur beau-père, le lieutenant trouva sur la table du salon sa corbeille fleurie, déjà installée, et devant elle, la jeune fille en extase qui le remercia avec effusion, puis, détachant un beau bouton de roses blanches, le plaça ostensiblement dans son corsage. Au second envoi, la même scène se produisit; seulement, en retirant la rose à demi fanée de la veille, pour lui substituer la nouvelle, la fiancée ébauchait le geste de la jeter, lorsque le marin, la lui prenant des doigts, la porta à ses lèvres. Mlle Cécile, c'était le nom de la jeune fille, devint très rouge, mais ses yeux humides et scintillants disaient clairement que le dénouement ne lui déplaisait pas. On recommença à chaque nouvelle expédition du fleuriste, et le jeune homme fut bientôt d'avis qu'un pareil bonheur pour quinze louis, en vérité, c'était donné!

Ces émotions trois fois hebdomadaires eurent beau devenir de plus en plus enivrantes, le guignon ne sembla pas moins s'acharner sur cette malheureuse union. D'abord ce fut la mère de Cécile qui tomba assez gravement malade pour que l'on fût forcé de renvoyer la cérémonie au mois suivant. Elle entrait à peine en convalescence que le futur beau-père, entrant un matin chez le marin, lui déclara que, fortement atteint par le krack et contraint de réduire l'apport de sa fille à la dot réglementaire, il avait cru de son devoir de venir lui rendre sa parole. Le coup était rude, mais l'officier était si sincèrement, si profondément épris, qu'il jura qu'il n'aurait jamais d'autre femme que Cécile, qu'elle fût riche ou qu'elle fût pauvre.

Malheureusement le vieil amiral, esprit pratique n'entendant rien du tout aux choses du sentiment, averti de la débâcle par la tante, était accouru à Paris. Sans perdre son temps en admonestations et menaces, il obtint, tout de suite, d'un ancien camarade, alors ministre, un ordre d'embarquement, dans les vingt-quatre heures, pour son fils. Il fallut partir : les pauvres fiancés répandirent des flots de larmes, échangèrent les plus tendres serments. Le désarroi de l'officier était si complet que, dans son trouble, il oublia le fleuriste et sa commande, bien que le paquet de roses desséchées qu'il collectionnait depuis déjà tant de semaines eût pu le lui rappeler.

Dix-sept mois après, quand il revint de sa campagne dans les mers de la Chine, si son amour avait perdu de son exubérance, cependant l'image de Cécile n'était pas sortie de son cœur. Sa première pensée, en débarquant du chemin de fer de la Méditerranée, fut de se faire conduire au nouveau domicile du banquier, dont sa correspondance avec la jeune fille lui avait révélé l'adresse. L'appartement était assez modeste pour indiquer que le financier n'avait pas réussi à se raccommoder avec la fortune. Quand on l'introduisit dans un salon assez mesquinement meublé, ses regards allèrent tout de suite à une corbeille de fleurs blanches dont le luxe somptueux contrastait quelque peu avec l'entourage. Il ne songea que fort peu au fournisseur si malencontreusement oublié, sa pensée s'arrêta à l'idée qu'il avait été remplacé dans l'amour de la jeune fille et dans les projets matrimoniaux de la famille, et que c'était là probablement l'offrande obligatoire de son successeur. En ce moment la porte s'ouvrit. Cécile poussa un cri de joie en le reconnaissant et tomba dans ses bras à demi suffoquée d'émotion.

— Ah ! s'écria-t-elle, ma mère avait beau dire, j'étais bien sûre que vous ne m'aviez pas oubliée, puisque tous les deux jours vos jolies fleurs continuaient à me parvenir comme lorsque vous étiez ici. Mais, moi aussi, je suis heureuse de pouvoir vous prouver qu'il ne s'est pas passé un seul jour sans que je songeasse à vous.

En même temps elle tirait une rose à demi fanée de sa poitrine. Seulement, cette fois, elle n'attendit pas que son fiancé lui demandât la permission de la prendre, elle la lui présenta, mais après l'avoir plusieurs fois pressée, elle-même, sur sa bouche.

Que vous dire? le lieutenant retrouvait Cécile plus aimante et plus jolie que jamais; le vieil amiral était mort; son fils réfléchit que la « dot réglementaire » servirait tout au moins à acquitter la facture du fleuriste. Il épousa.

Cette facture se montait à 22.420 francs. Je puis ajouter que, malgré son énormité, il ne l'a pas regrettée jusqu'à présent.

VII

Certainement, l'industrie nouvelle de la vente en boutique des fleurs coupées est intéressante; les éclatants et frais étalages des magasins qui lui sont consacrés constituent pour le flâneur la plus agréable des stations. Pour mon compte, quelle que soit la saison, et par conséquent le décor, je ne manque jamais de m'y arrêter et d'user de la contemplation de ces richesses jusqu'à complète satiété; de plus, il est incontestable qu'en leur ouvrant un débouché permanent, ils ont indirectement favorisé la culture des fleurs de grand luxe. Cependant la mode ayant prononcé, il ne me semble pas impossible que la décoration des salons, comme des boutonnières, eût réussi à se passer de ces dispendieux intermédiaires, et les producteurs comme les consommateurs y eussent trouvé un large profit. Jeune ou vieille, la femme qui pousse devant elle sa petite charrette chargée tour à tour de rameaux de mimosa, de bottes de réséda, de violettes, d'œillets, de roses du Midi, puis de tous les produits embaumés de notre flore du Centre, nous semble encore plus digne de nos sympathies, et c'est sans restriction aucune que je réserve la mienne à cette fleuriste des pauvres. Une autre catégorie de braves gens bénéficie de ce commerce ambulant, celle des femmes, des enfants, qui, ne possédant pas un coin de terre, s'en vont ramasser les fleurs que le hasard fait pousser dans les champs : coquelicots, nielles, bluets, toujours trop nombreux au gré des laboureurs, et en font des bouquets qui sont également colportés au panier.

J'ai rencontré, l'autre jour, un de ces moissonneurs du bien de tout le monde dans un petit coin appelé la Fontaine de l'Orme, et vers lequel je me dirige bien souvent parce qu'il est le seul dans cette plaine opulente qui me rappelle le pauvre pays où s'est passé mon enfance. Cette Fontaine de l'Orme sort d'une forte déclivité du terrain, au fond de l'unique vallon qui traverse le plateau; son eau, d'une limpidité de cristal, sort en bouillonnant sous une petite voûte, suit pendant cinq ou six pas une rigole maçonnée où les femmes viennent laver leur linge, et se déverse dans un ruisseau qui serpente autour d'une prairie verdoyante entourée de haies épaisses et jalonnée de grands arbres, comme sont les prés du Perche. En débouchant du sentier j'aperçus, symétriquement alignés dans la rigole, quelques bouquets de fleurs des champs en train de prendre leur bain de tiges dans le courant, et, sous la voûte, un petit vieillard à longue barbe blanche qui, assis à côté d'un tas des mêmes fleurs, confectionnait un autre bouquet.

Il procédait en maître à sa besogne; les tons de ses fleurs se mariaient avec tant de goût, s'encadraient si gentiment de verdure, que je lui en fis compliment et que, m'étant assis auprès de lui, je suivis son travail avec intérêt. Nous causâmes; son langage, les connaissances de botanique qu'il révélait, contrastaient assez curieusement avec son costume passablement déguenillé; il m'initia aux petits secrets de son métier. Il ne récoltait pas que des fleurs; au printemps et en automne, il ramassait dans les bois des plantes médicinales qu'il vendait aux herboristes; mais il préférait de beaucoup le travail de l'été; les simples étaient ennuyeux à empaqueter, lourds à porter, tandis que l'assemblage de ses fleurs devenait sa récréation. Il ne s'en tenait pas à la banalité des coquelicots et des bluets; il recueillait les chélidoines, les mauves, les campanules, les pieds-d'alouette sauvages, puis les pieds-d'oiseau, les spéculaires, les spirées, les ancolies, les millepertuis, etc., tout ce qui pousse dans les champs et sur les sentiers; il y ajoutait des épis de blé, des grappes d'avoine, et c'était le gracieux groupement de ces plantes, les unes éclatantes et les autres pittoresques, qui donnait un charme tout particulier à ses confections. En partant de Versailles, où il habitait, à trois heures du matin, il parvenait à réussir sa douzaine de bouquets, et il en

Un petit vieillard venait de confectionner un bouquet.

avait le placement assuré chez un fleuriste de la ville, qui lui payait le tout 3 francs.

— Mais, ajouta-t-il avec un clignement malicieux des paupières, mes bottillons me rapportent quelquefois un peu mieux que cinq sols, surtout si j'ai la chance de rencontrer, en m'en allant, un couple de jeunesse en « ballade ». Ceux-là ne marchandent guère. Il y

a deux jours, sur la route, un beau jeune homme auquel j'avais
offert ma marchandise m'a mis quarante sols dans la main, après
avoir offert le bouquet à sa camarade. Puisque le bon Dieu était
décidé à faire des pauvres, — une drôle d'idée qu'il a eue là et qui
nous met au-dessous des oiseaux qui chantent dans ce buisson, car
chez eux, il n'y a pas plus de pauvres que de riches, — il eût dû, au
moins, semer les fiancés aussi dru que les coquelicots de ce champ,
là-bas, car voyez-vous, Monsieur, il n'y a encore que l'amour pour
ouvrir le cœur à la compassion !...

VIII

L'influence de la mode sur l'aviculture. — La poule red-cap. — La volaille commune. Histoire d'un poulet.

Des frivolités qui jadis lui avaient été dévolues pour apanage, la mode vise à étendre son empire à tous les objets, à toutes les questions auxquelles les mondains s'intéressent. Il suffit d'assister à l'une de nos expositions d'aviculture pour remarquer l'incroyable prédominance que les races étrangères ont prise dans notre élevage sur nos espèces indigènes réputées jadis sans rivales. Sous le rapport du nombre, nos crèvecœurs, à la mince ossature, à la chair délicate; les houdans, qui ne leur cèdent en rien; les bressanes, si fines; les volailles du Mans et de la Flèche, si savoureuses, disparaissent dans le flot toujours montant des monstrueuses cochinchines, des brahmas, des langshams, des wandottes, des leghorns, des dorkings, des yokohamas, des andalous, toutes variétés que la capricieuse déesse a prises tour à tour sous son patronage et, comme si cela ne lui suffisait pas, voici qu'elle entend doter nos basses-cours d'une autre nouveauté.

Bien entendu, celle-là nous arrive également d'Angleterre, où on la nomme le *red-cap*, vocable que nous serons forcés de franciser en adoptant le titulaire. Le red-cap (c'est-à-dire « bonnet rouge ») ne possède ni la superbe stature des langshams, ni le plumage original des yokohamas; c'est une poule de moyenne taille, aux plumes noires striées de roux sur la couverture des ailes, remarquable, cependant, par la vivacité et l'élégance de ses allures et se caractérisant surtout par une crête en forme de couronne plate et aiguillonnée qui, recouvrant toute la partie supérieure du crâne, lui a valu son nom ; on nous la présente comme étant d'une fécondité extraordinaire, susceptible de donner un œuf tous les jours, si on lui accorde le libre parcours et l'espace qui lui sont, paraît-il, nécessaires. Si, contre l'habitude, le programme se réalise, le red-cap va avoir pour lui tous les amateurs d'œufs à la coque, qui, se recrutant autant parmi les vieillards que parmi les babies, peuvent être considérés comme représentant l'universalité du public. Nous le souhaitons sans trop y compter.

Le coq espagnol.

Les campagnes s'en tiennent nécessairement à la poule commune, et nous sommes convaincu que, malgré les efforts des aviculteurs et de la mode, il en sera toujours ainsi. On a beau les qualifier de races d'élite, la conservation des variétés nouvelles exige leur isolement en parquets, lequel cadre mal avec le libre parcours des poules de ferme, une condition essentielle de leur entretien économique. Dans nos villages ce serait pis encore : les voisins laissent leur petit bétail emplumé vaguer aux alentours de leurs habitations dans une complète promiscuité qui ne s'accorde pas du tout avec la conservation de la pureté d'origine. Voyez-vous Jean-Pierre forcé de crier devant sa porte :

— Mon coq est lâché, gardez vos poules !

D'ailleurs, il se rencontre quelquefois parmi cette plèbe de la volaille un oiseau privilégié pour réaliser le prodige de l'œuf quotidien que le red-cap « nous promet » d'opérer. J'en ai connu un exemple l'année dernière. Cette pondeuse de génie appartenait au perruquier de mon village. On la lui avait donnée à l'état de poulet pépiant encore. C'était le petit-fils du perruquier, un petit garçon de cinq à six ans, qui l'avait élevée; j'ai bien souvent admiré l'aptitude des enfants à parfaire l'apprivoisement des animaux, et celui-là m'en a fourni un curieux exemple. Le poulet n'était pas seulement devenu familier, il montrait pour le petit bonhomme un attachement manifeste; il le suivait au dehors comme un chien suit son maître, voletant sur son épaule aussitôt qu'il était effarouché. Dans la mai-

Coq et poule de Houdan.

son, si le bambin s'asseyait, il sautait sur son genou; alors l'enfant prenait des mouches que l'oiseau venait picorer entre ses doigts; quand celui-ci avait envie de chaleur ou voulait se reposer, de lui-même il se glissait entre la chemise et la peau de son ami et y faisait un somme.

L'hiver venu, le perruquier n'ayant pas de jardin et, dans un village aussi correct que le nôtre, le pavé de la République étant interdit aux volailles, le poulet fut installé dans une vieille cage d'osier; son jeune maître l'en faisait sortir aux heures où l'école le laissait libre, le caressait, le faisait manger et quelquefois le promenait. Il faut croire que ce régime lui convenait et qu'il était content de son sort, car ce fut précisément dans cette cage qu'il commença cette ponte vraiment extraordinaire, qui se continua pendant six mois, qui eût peut-être duré plus longtemps si un événement tragique n'eût mis fin à l'existence du héros de l'aventure.

Une fois, en revenant de l'école, le gamin chercha sa poule : la cage était béante et vide; il fureta dans toute la maison, il ne trouva rien. Le grand-père, qui l'aidait, se rappela que la porte de la boutique était restée ouverte pendant une partie de la journée : évidemment la poule était sortie; on chercha dans les alentours, on interrogea les voisins, personne ne l'avait vue; toutes les investigations furent vaines. L'enfant sanglotait; le grand-père était désolé, non seulement du chagrin de son petit-fils, mais parce que cette poule phénoménale lui avait produit un petit revenu de 20 centimes par jour. Le garde champêtre, avisé, les emmena tous les deux avec lui et s'en alla tout droit chez une vieille ivrognesse qui avait à sa charge plus d'un rapt du même genre. Interrogée, elle nia énergiquement; mais le garde champêtre, qui avait remarqué que, tout en parlant elle cachait obstinément une de ses mains sous son tablier, le souleva brusquement : elle avait entre ses doigts la pauvre volaille, morte et déjà à moitié plumée. L'enfant, toujours pleurant, l'emporta en la serrant contre sa poitrine.

Le lendemain la grand'mère, qui était une femme d'ordre, ayant déclaré que, la bête étant morte, il ne fallait pas qu'elle fût perdue, la fit cuire et la servit au dîner. Bien que la sensibilité ne soit pas une faiblesse villageoise, le petit garçon fondit de nouveau en larmes et déclara qu'il n'y toucherait pas. La bonne femme ayant essayé de l'y contraindre, il eut une sérieuse attaque de nerfs. Alors le perruquier, bouleversé lui-même, prit la poule par les pattes et ouvrant la porte :

— Il a raison, le petit gars; quand on a aimé une bête comme l'a été celle-là, on ne se régale pas de sa carcasse!

En même temps, enlevant la poule de la platée de légumes qui lui servait de piédestal, il la jeta à un chien qui passait dans la rue.

IX

Tous nos animaux sauvages sont noctambules, mais celui chez lequel cette prédilection pour la nuit est plus nettement caractérisée est incontestablement le blaireau. Non seulement il se couvre des ténèbres avec lesquelles l'ont familiarisé son existence presque exclusivement souterraine, soit pour chercher sa subsistance, soit pour échapper aux embûches de ses ennemis, mais il faut que l'obscurité soit complète pour lui inspirer quelque confiance. Talonnés par la faim, nos hôtes des bois comme ceux de la plaine quittent généralement leurs retraites au moment où le soleil descend au-dessous de l'horizon. Le blaireau exige d'autres garanties que le clair-obscur : presque toujours il attend que les ténèbres soient épaisses pour abandonner ses galeries, mais il ne s'y décidera qu'après avoir minutieusement scruté les alentours; il se présente à toutes les gueules de son terrier, regarde et écoute longuement, et ne se décide à trottiner dans la coulée représentant sa grande route que s'il n'a surpris aucun indice alarmant. Dans le cas contraire, il rentre chez lui, réprime les tiraillements de son estomac, si la faim le tenaille, et dîne d'un somme. Des gardes sont restés nuit et jour en faction devant un terrier dans lequel ils avaient vu pénétrer un blaireau, sans que le propriétaire, qui les éventait, se décidât à se montrer.

Sa qualité de proscrit autant que les mystères de son existence

m'ont toujours inspiré pour le blaireau une curiosité nuancée de
sympathie. Aussi nous avons fait jaser sur son compte de vieux
gardes rompus, nous ne dirons pas à la chasse, mais au piégeage
de ce plantigrade; le plus gros de ce qu'ils nous ont raconté de
ses mœurs tenait évidemment de la légende. Ces experts en blai-
reauterie n'étaient pas, du reste, plus d'accord que le gros des chasseurs sur la malfaisance de cet ermite. Les uns le tenaient pour plus
redoutable que le renard pour les nids de faisans, de perdrix, pour
les portées de lièvres, les rabouillères des lapins; d'autres, plus in-
dulgents, le rangeaient parmi la catégorie des filous d'occasion.

Quant à nous, nous ne nous permettrons pas de décider entre deux
opinions aussi divergentes; certainement, lorsque le hasard se charge
de lui offrir le régal de l'un de ces gibiers, la crainte de désobliger le
roi de la création n'est point assez vive pour que le blaireau, se
livrant à de vaines démonstrations de grandeur d'âme, refuse d'en
faire ventre; mais nous le croyons trop imparfaitement outillé sous
le rapport de la marche pour se livrer à de longues et laborieuses
recherches en vue de faire figurer ces gibiers dans son menu; il se
contentera sagement des mulots, des couleuvres, des sauterelles, des
abeilles, bourdons, etc., qui, plus communs et acquis avec moins de
peine, représentent probablement le fonds de sa cuisine. Cependant,
quoi qu'il en soit du plus ou moins de malfaisance du blaireau, la
trêve n'est pas près de commencer pour lui; on le piégera, on le
chassera toujours, non seulement pour se débarrasser de sa concurrence, mais pour sa graisse, une panacée, selon les porteurs de plaque, et surtout pour sa peau, laquelle, ajoutent en badinant ces
messieurs, a, sur les peaux de renard, l'avantage d'être bonne toute
l'année, sauf un jour par an, celui où on manque l'animal.

La vie privée de ce plantigrade est digne d'estime; en dépit de son
poil gras et de l'odeur peu agréable qu'il exhale, c'est une bête délicate et proprette qui ne laisse jamais, comme son voisin le renard,
son terrier se transformer en sentine ou en charnier. On prétend
même que celui-ci profite habilement de cette horreur des immondices
pour s'emparer des appartements du blaireau, toujours plus spacieux,

plus commodes que le sien. Profitant de l'absence du propriétaire, il renouvelle le procédé par lequel, pendant l'invasion alle-

Le blaireau.

mande, certain grand-duc remercia un châtelain de la Beauce de l'hospitalité qu'il avait trouvée dans son château. Quand il trouve, en entrant chez lui, cette étrange carte de visite, l'infortuné blaireau n'hésite jamais à déménager. Nous ignorons jusqu'à quel point la légende est véridique; ce que nous pouvons affirmer, c'est que nous avons bien souvent trouvé des renards dans d'anciens terriers abandonnés par les blaireaux qui les avaient confectionnés.

En raison de la puissance de leurs griffes, ceux-ci sont des fouilleurs de terre de premier ordre. Dans une colline rocheuse de la basse Normandie, nous avons trouvé un de ces terriers se composant de trois étages superposés et dont les diverses galeries avaient plus de soixante mètres de développement. Le mineur avait fort habilement profité des excavations qu'il avait rencontrées entre les masses de granit, pour ménager à son habitation des chambres de plusieurs mètres carrés. Il doit donc ne pas s'affecter trop sérieusement des usurpations du renard; ce qui tendrait à le prouver, c'est que, lorsqu'il abandonne sa retraite, il ne va jamais bien loin établir ses nouvelles pénates. Il n'a pas plus le tempérament que les pattes du voyageur et s'écarte fort peu de son habitat ordinaire. Cependant, l'autre année, quelques jours avant la clôture de la chasse, on a trouvé et pris un de ces animaux parfaitement adulte dans la forêt de Marly, où son espèce est bien rarement représentée. Il fut trouvé dans une enceinte fraîchement entreillagée. Nous avons présumé qu'il était sorti des bois d'Arcy, situés à quatre ou cinq kilomètres, et que, perdu dans la plaine, il avait pratiqué une trouée au-dessous des fils de fer pour se réfugier dans le massif qui se dressait devant lui.

Le blaireau est un brave : il se défend héroïquement jusqu'à son dernier souffle, ne se soucie pas plus de la force des assaillants que de leur nombre et n'est vaincu que lorsqu'il est mort. Méfiez-vous toujours de lui, soit que vous le preniez dans un piège, soit que vous le chassiez au fusil ou bien que vous ayez entrepris contre lui une guerre souterraine. Nous défoncions un jour un terrier et nous étions arrivés à l'accul; un des travailleurs, avant que nous ayons pu nous opposer à son mouvement, plonge son bras dans le trou noir et jette un cri.

— Retirez donc votre main, lui crie un garde.

— Je ne peux plus, répondit froidement le brave homme, c'est lui qui me tient!

Effectivement, le blaireau le tenait si bien que, quoique nous nous fussions mis à fouiller la terre avec une sorte de rage, le malheureux resta près de cinq minutes pris dans cette effroyable tenaille; il fallut assommer le blaireau pour le forcer à lâcher prise; les deux doigts médians étaient presque littéralement coupés et l'amputation fut nécessaire.

Une autre fois, nous avons assisté à l'hallali de l'un de ces animaux chassé et rejoint par des fox-hounds très vigoureux et très mordants. C'était moins dramatique qu'un ferme de sanglier, mais le spectacle était peut-être plus émouvant. Trouvant dans sa petite taille de bonnes conditions de défense, l'animal résista avec une incroyable vigueur aux assauts d'une douzaine d'ennemis. Arc-bouté sur ses jambes trapues, ramassé sur lui-même, n'attaquant jamais, mais ne laissant jamais attendre la riposte, à chaque coup de dent il répondait par un coup de dent et demi, et les siens s'adressaient invariablement aux pattes. De temps en temps, il disparaissait sous la masse des assaillants, mais bientôt on voyait un des chiens se retirer de la mêlée en jetant des cris de douleur. Il eût es-

tropié la moitié de la meute si on ne se fût décidé à lui faire les
honneurs d'un coup de fusil, comme à une bête de vénerie. Ce sont
là des jeux sanglants auxquels la passion peut servir d'excuse, à la
condition qu'ils soulèveront quelques remords lorsqu'on y songera
de sang-froid.

*
* *

Un de nos correspondants, docteur en médecine dans le départe-
ment des Basses-Pyrénées, nous a communiqué de très intéressants
détails sur les mœurs de ce blaireau, que son petit nombre dans nos
bois, autant que son noctambulisme invétéré, a rarement permis d'é-
tudier dans toutes ses habitudes. Nous savions le blaireau omnivore,
aussi amateur de fruits mûrs que d'œufs ou de chair tendre; mais
nous lui supposions pour les céréales un dédain fort légitime chez
un personnage qui trouve mieux à se mettre sous la dent. Si enclin
que le laboureur soit à la plainte, nous ne l'avions jamais entendu
dire que le blaireau eût causé à ses récoltes quelque dommage. Il
paraît qu'il n'en est pas partout de même; cet animal aurait une ap-
pétence très caractérisée pour les grains encore tendres du maïs, qui,
il est vrai, n'est guère cultivé dans notre région que comme fourrage,
dont les épis n'arrivent presque jamais à maturité, ce qui explique
que leur présence dans les menus de l'animal n'ait pas été chez nous
relevée.

Notre correspondant avait constaté le goût du blaireau pour les
larves de courtilière ou taupe-grillon, comme nous l'avions observé
nous-même, y trouvant une circonstance très atténuante aux méfaits
qui lui sont reprochés :

« Un peu avant l'aube, dit-il, il fait une tournée dans les prairies et visite un à un tous les nids de ces terribles insectes, éven-
trant d'un coup de griffe la croûte de terre durcie qui lui sert de dôme
et nettoyant d'un coup de langue les parois auxquelles adhèrent les
jeunes larves. Il ne lui faut pas plus de quinze à vingt minutes pour

en avoir expurgé un hectare. Le bienfait est incontestable, mais en ma qualité de propriétaire dont les maïs représentent la grande récolte, il ne me touche que faiblement et ne compense pas du tout les ravages que, dans quelques semaines, ce gastronome peu discret va exercer sur les jeunes pousses de ces céréales, alors que le grain à peine formé est une sorte de pulpe laiteuse. Pour atteindre l'épi, l'animal casse la tige d'un coup de patte, il entame alors cet épi mis à sa portée, n'en prend qu'une bouchée et passe à une autre tige qu'il renverse comme la première. En quelques minutes un seul blaireau peut ainsi arriver à détruire une centaine de plantes. »

Dans les cantons où les blaireaux sont en nombre, les cultivateurs sont réduits à utiliser un procédé que nous avons vu employer pour défendre les avoines contre la hure des sangliers à une époque où les pachydermes pullulaient dans une de nos grandes forêts de l'Ouest. Il consiste à s'installer sur la lisière de son champ muni d'un instrument quelconque s'il est bruyant, casserole, cloche, chaudron, crécelle, cornet à bouquin, et à faire avec lui le plus de tapage possible. Le matin avant l'aube on recommence le charivari, l'expérience ayant démontré que c'était surtout à ces deux moments de la nuit que le maraudeur s'attaque aux maïs de ses environs.

Notre correspondant termine en nous racontant un fait assez bizarre et qui nous présente le blaireau sous un aspect pour nous tout nouveau :

« Il y a quelques années, nous dit-il, dans une ferme à trois kilomètres de mon habitation, un paysan, dont les maïs étaient dévastés chaque nuit, se mit à l'affût sur la passée du blaireau. Il y était à peine depuis quelques instants que trois de ces animaux qui ne l'avaient pas éventé se mirent à commencer leurs coupes; il fit feu sur celui qui se trouvait le plus près de son poste, mais il le manqua. Au lieu de fuir au bruit de la détonation, comme il est dans leurs invariables habitudes, les trois blaireaux revinrent sur l'affûteur et le chargèrent; celui-ci se défendit de son mieux en se faisant une massue de son fusil à un coup, mais la crosse se brisa aux premiers coups qu'il asséna sur les assaillants et, cruellement mordu aux jambes, le paysan épouvanté fut réduit à regagner sa ferme au plus vite. »

C'est là l'unique exemple que nous connaissions de blaireaux s'attaquant résolument à l'homme. Même en dehors des armes à feu dont son instinct doit lui avoir révélé les effets, il a de bonnes raisons pour redouter notre rencontre; un seul coup de bâton l'atteignant au nez, qui est chez lui particulièrement sensible, suffit à le faire passer de vie à trépas.

X

Le vocable « macreuse » doit être d'une sonorité plus agréable que ceux de « foulque » ou de « judelle », car c'est toujours le premier que la presse utilise lorsqu'il s'agit de désigner l'objectif des grandes chasses dont les étangs du Midi sont le théâtre. L'erreur ne tirerait pas à conséquence dans les colonnes d'un journal politique : MM. les rédacteurs ayant mission de maintenir en équilibre ce char de l'État qui rencontre tant d'ornières sur sa route sont fort excusables de délaisser

La foulque.

l'étude frivole de la cynégétique. Elle devient choquante quand elle se rencontre dans des feuilles s'adressant spécialement aux chasseurs et aux naturalistes. Aussi, au risque de nous faire accuser de pédantisme, nous résistons difficilement à la tentation de crier casse-cou à nos confrères. Vos soi-disant macreuses sont des foulques ou des judelles; si ces deux appellations ne suffisaient pas à votre fan-

taisie, vous pouvez encore les nommer « morelles » ou « gaudrelles »
avec les Normands, « berlaudes » avec les Picards, « touachs » avec
les Bretons, « coqs d'aive » avec les Wallons. Le mot « macreuse »
est le seul dont vous ne deviez pas vous servir, puisqu'il appartient
à un autre gibier d'eau, tout différent de celui que vous entendez désigner.

La macreuse n'a exactement que la couleur de commune avec la
foulque, toutes les deux étant d'un gris sombre touchant au noir ;
mais la foulque est une gallinule, et la macreuse fait partie de la
grande famille des canards : elle a, comme ceux-ci, le bec en spatule
et les pieds complètement palmés ; le bec de la foulque est conique,
remarquable par sa nudité dans la partie qui se relie au crâne et
formant une sorte de casque ; les pieds sont garnis de membranes
découpées en lobes, qui leur donnent une vague ressemblance avec
quelque plante aquatique. Excellentes nageuses malgré cette imper-
fection de la rame, les longue traversées qu'elles accomplissent au
moins deux fois par an ne leur inspirent dans leurs ailes qu'une confiance assez médiocre. On réussit difficilement à les mettre à l'essor ;
si l'on y parvient, on les voit reprendre l'eau à courte distance ; le
plus souvent, elles cherchent à assurer leur salut en plongeant, un
exercice dans lequel elles distancent le canard lui-même.

Au printemps, les foulques sont installées sur tous les étangs du
continent ; elles y font leurs nids, couvent et élèvent une famille. Elles
y restent assez tard, refluent vers le midi aux premières gelées, et
c'est alors que les étangs du littoral de la Méditerranée en sont littéralement couverts et que les hécatombes réalisées par les chasseurs
provençaux plongent dans la stupéfaction leurs confrères du Nord
qui acceptent ces tueries de soi-disant macreuses sans bénéfice d'inventaire. Les pérégrinations hivernales de la foulque la conduisent
jusqu'en Afrique.

A son encontre, la macreuse ne se trouve jamais dans les eaux
douces de l'intérieur : la mer, et particulièrement l'Océan, représente
son habitat exclusif. Son vol est bas ; mais elle le soutient pendant
fort longtemps. Il n'est pas d'habitué des bains de mer qui n'ait

aperçu au large une interminable file d'oiseaux noirs, voyageant
sur deux rangs au-dessus des flots : c'étaient des macreuses en dé-
placement. Souvent l'œil se fatigue à les suivre; on les voit franchir
un nombre considérable de kilomètres sans se reposer, passant d'un
point de l'horizon au point opposé. Même dans un bateau à la voile,
on approche difficilement des macreuses : aussitôt qu'elles croient
remarquer qu'une embarcation a mis le cap sur elles, la bande opère
immédiatement un de ces déménagements dont nous venons de
parler. Si le gibier des étangs du Midi était des macreuses, au lieu
de passer bénévolement au-dessus de la tête des tireurs pour aller
se reposer de l'autre côté, comme font les foulques, elles prendraient
le large et iraient demander asile au grand lac bleu où on réussirait
difficilement à les troubler.

La foulque est infiniment moins prisée dans le Nord et au centre
qu'au Midi. En Sologne, on ne la voyait guère sans quelque ennui
prendre possession des étangs. Non seulement on ne lui fait point
de chasse en règle, on ne la tire qu'accidentellement, mais elle
passe pour une voisine acariâtre troublant les cols verts dans leur
intéressante genèse de halbrans. Nous ignorons jusqu'à quel point
ce grief est fondé : la forêt des roseaux est plus mystérieuse encore
que celles des chênes et des hêtres et peut couvrir des crimes que
nous n'avons pas même, comme la police des villes, la consolation
d'avoir constatés !

Ce que nous lui reprocherions surtout, ce serait de retenir aux
alentours des nappes d'eau où elles habitent un nombre considérable
de corsaires ailés, et particulièrement de buses, dont les halbrans
sont victimes après elles. Nous leur adresserons un reproche un
peu plus sérieux.

Vivantes, les foulques ne servent pas à grand'chose. Elles n'animent, elles ne vivifient même pas l'étang sur lequel elles ont élu
leur domicile : toujours recelées dans les joncs des rives, elles en
sortent rarement, troublées soit par le vent ou le passage d'un bateau ;
si le bassin est large, elles se montreront à son milieu, sous la forme
de points noirs, immobiles ou peu s'en faut. C'est tout juste si, pen-

La chasse aux macreuses en Bretagne.

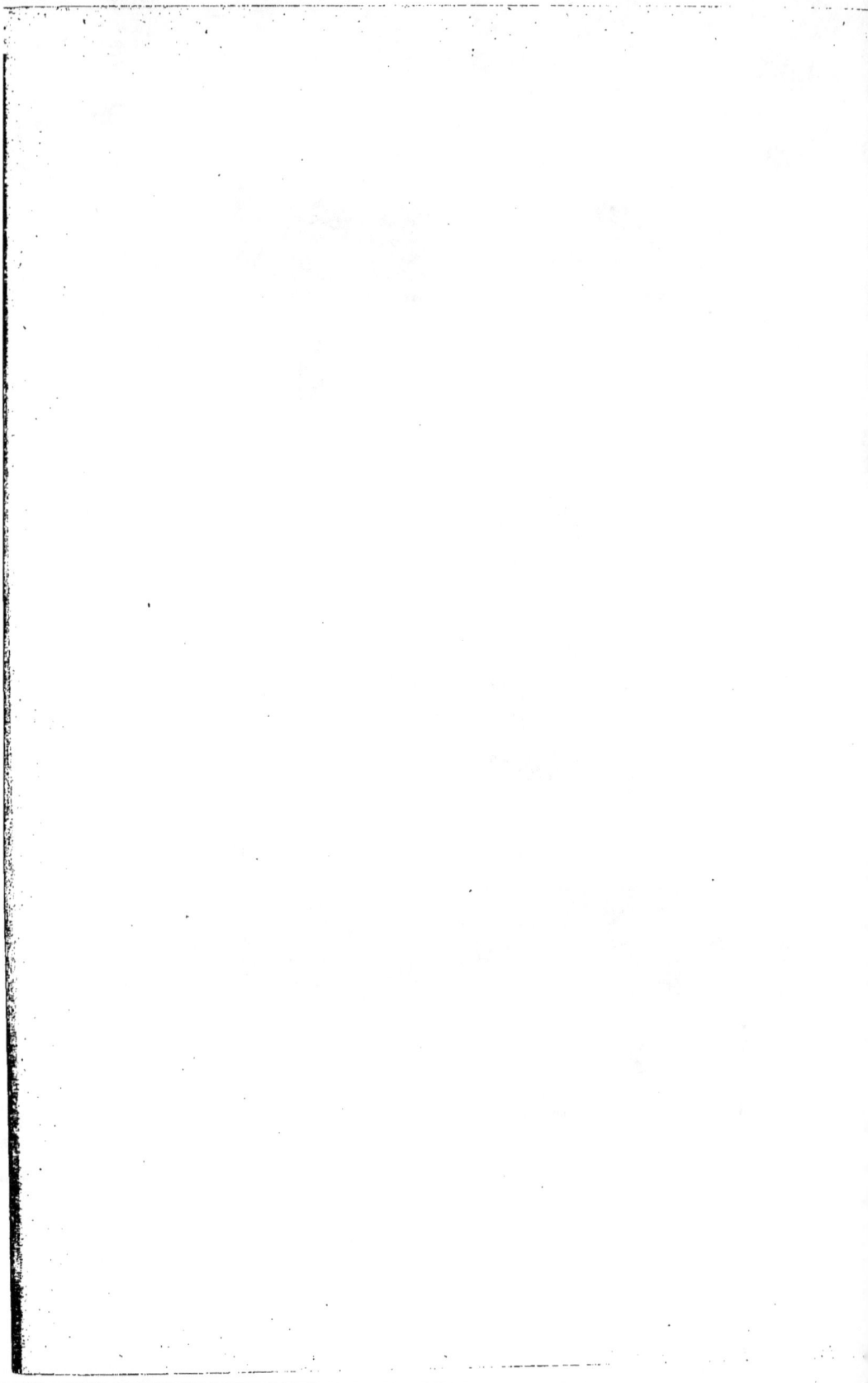

dant leur séjour, elles auront servi de prétexte aux coups de fusil
que le désœuvrement inspirera à quelques collégiens.

Mortes, en revanche, les foulques ne servent plus à rien du tout.
La cuisine provençale a des secrets merveilleux ; peut-être en a-t-elle
trouvé un pour rendre agréable la chair noire à violente odeur de
marécage de ces oiseaux et utiliser les cargaisons de ce gibier que
les chasseurs marseillais doivent introduire dans leur cité; nous
ne le connaissons pas. Nous avons essayé avec les foulques de plusieurs procédés de cuisson; nous n'avons réussi qu'à révolter des
palais considérés jusque-là comme héroïques.

XI

Si vous pêchez à la ligne ou si vous appréciez le charme de contempler, enfoui dans les herbes de la rive, le ciel se mirant dans la nappe éclatante de la rivière, vous ne manquerez pas d'occasions de faire la connaissance du rat d'eau. L'apparition d'un être sauvage, loin de troubler la solitude, en confirme la réalité. Aussi cet importun est-il toujours le bienvenu quand il se présente, soit qu'il trottine dans l'ombre caverneuse de la berge creusée par le flot, soit qu'il entreprenne une navigation émaillée de nombreux plongeons, soit qu'il quête sur le sable une épave abandonnée par le courant, ou même lorsqu'à coups de griffe et de dent il entame, pour la possession de sa trouvaille, une violente polémique avec quelque collègue non moins affamé que lui-même.

En raison de l'attraction qu'exerce sur nous l'habitat de cet ermite aquatique, nous n'avons point laissé échapper les occasions de l'étudier dans sa vie privée. Le rat d'eau a l'humeur sauvage du solitaire avec la rusticité du campagnard; cependant nous n'avons pas surpris chez lui de traces de ces mœurs farouches caractérisant ses congénères, nos désagréables commensaux. Dans les divers combats dont nous avons été témoin, nous avons vu les rats d'eau attaquer ou se défendre avec une égale ardeur, mais ils ne s'acharnaient pas sur l'adversaire après sa défaite, ils ne se réunissaient pas pour accabler le plus faible et pour donner à la querelle un festin de

Les rats d'eau.

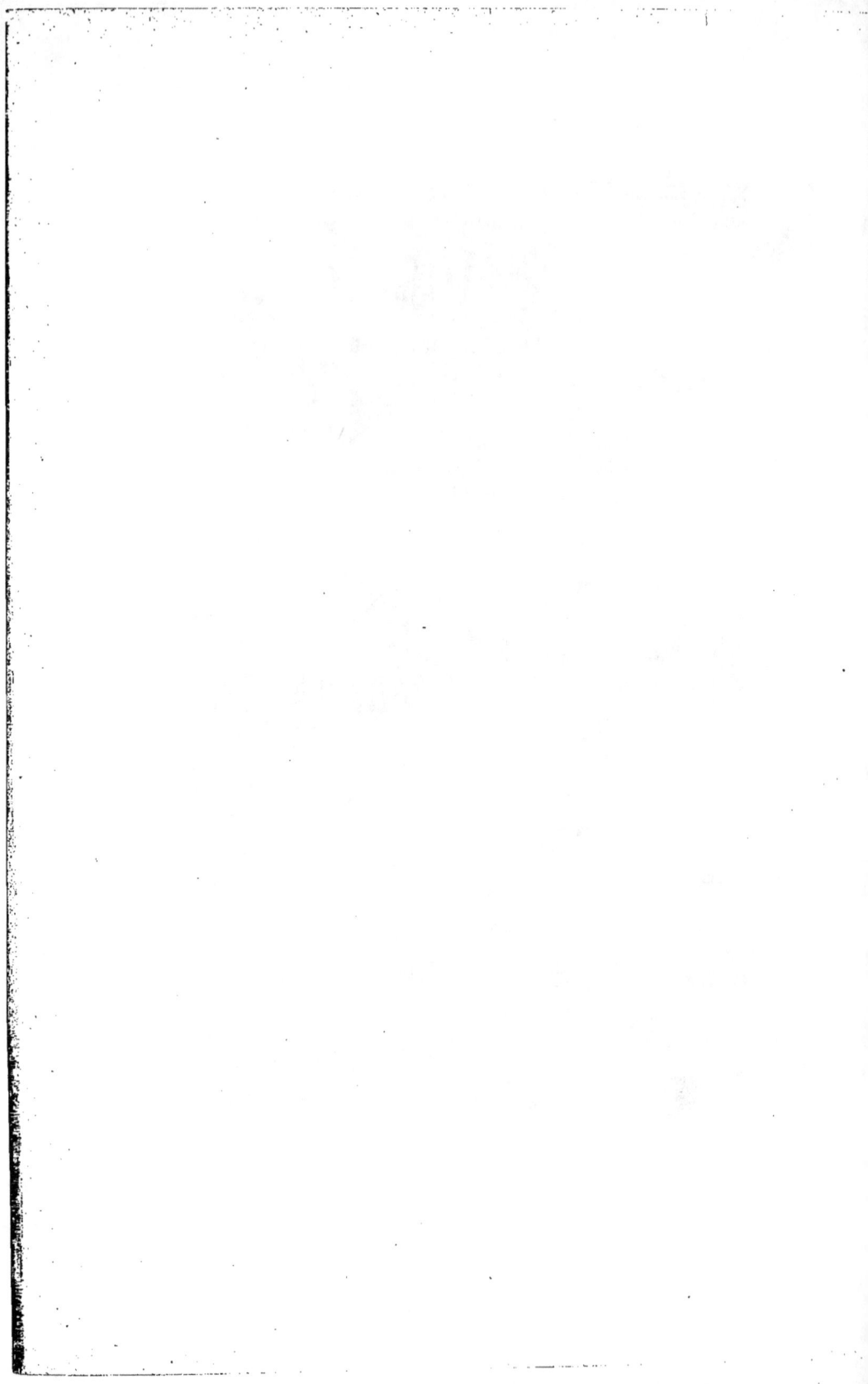

cannibales pour dénouement. Ils sont tout simplement des vaillants;
un jour, au moment où un gros rat d'eau sortait de son trou, un chat

La pêche à la ligne.

qui s'était tenu caché dans les roseaux s'élança pour le saisir. Le rat
se déroba, puis, se retournant par une brusque volte, il lui tint tête,
dressé sur ses pattes de derrière, en poussant un cri qui ressemblait
à un ronflement. Le chat revint à la charge; mais, cruellement mordu

à la face, il recula et le rat en profita pour sauter dans la rivière où, nécessairement, son ennemi se garda de le poursuivre.

Ruisseau, rivière ou étang, le rat d'eau élit toujours domicile dans la berge. Son trou est généralement peu profond; il l'est si peu que souvent les pêcheurs à la main d'écrevisses rencontrent ce gibier, au lieu du crustacé dont ils sont en quête, ce qui leur permet d'apprécier s'il est plus désagréable d'être mordu que pincé.

Nous avons cependant rencontré de ces trous de rats qui, comme les habitations des castors, avaient une galerie de retraite permettant au locataire de se dérober entre deux eaux. Ils hantent volontiers les saules creux du rivage et cherchent une retraite dans leurs troncs vermoulus. Le rat d'eau n'est point un végétarien exclusif, mais il pratique volontiers le régime du maigre; les herbes et les racines aquatiques forment le fond de sa nourriture, mais il y ajoute aussi souvent qu'il le peut des aliments plus solides, écrevisses, grenouilles, frai et petits poissons. Nous ignorons s'il cède parfois à la tentation de se désencarêmer totalement. Nous avons bien surpris un rat d'eau en train d'inventorier un nid sur une touffe d'aune, mais comme il n'y avait rien dans ce nid, nous ne devons pas porter de jugement téméraire. Peut-être sa concupiscence avait-elle été allumée par la perspective d'une simple omelette, ce qui n'a jamais constitué un cas pendable, même dans les ordres monastiques.

La femelle du rat d'eau produit de cinq à huit petits et fait plusieurs portées dans l'été. Ses sentiments maternels nous ont paru plus persistants qu'ils ne le sont dans d'autres espèces voisines de celle-là. Nous avons vu, un jour, une de ces mères qui nageait en donnant la remorque à un poisson mort et de fraîcheur contestable qu'elle s'efforçait d'amener au-dessous de son trou, sur les abords duquel on apercevait cinq ou six ratons déjà de la grosseur d'une très forte souris. En voyant arriver leur nourrice avec cette proie opime les gourmands se mirent bravement à la nage et, ayant rejoint la pourvoyeuse, ils commencèrent immédiatement à attaquer le butin. Cependant, leur précipitation, leurs mouvements désordonnés faisaient enfoncer le poisson et rendaient la tâche de la mère impossible. Alors celle-ci, abandonnant sa capture, chassa ses petits les uns après les autres vers le rivage; puis, reprenant son poisson, elle l'amena sur le sable où toute la famille s'attabla paisiblement.

Malgré l'attrait que l'on peut trouver dans l'étude et dans l'observation de leurs mœurs, les rats d'eau n'en constituent pas moins des voisins désagréables, en raison de leur fécondité et de leur goût déterminé pour le frai. Celui qui tient à la population de la rivière ne doit laisser échapper aucune occasion de se débarrasser de ces concurrents redoutables. On est d'autant plus autorisé à leur faire la chasse qu'elle se pratique à l'époque où le fusil chôme, de par la loi. Avec cette sorte de gibier, une carabine Flobert est une arme très suffisante. L'essentiel est d'avoir un chien actif, ne craignant pas de se mouiller les pattes, qui, en pourchassant l'animal, le contraigne à se mettre à l'eau. Comme le rat d'eau dans ses plongeons ne reste guère plus d'une quarantaine de secondes sans venir respirer à la surface, les occasions de le tirer ne se font pas longtemps attendre. S'il se repique dans un terrier, on a la ressource de l'inonder au moyen d'une écope pour le forcer à déguerpir.

XII

Les migrateurs retardataires sont arrivés; les fauvettes, les linottes, les rouges-gorges sont dans tous nos buissons, les bois retentissent des appels monotones des tourterelles et nous avons entendu le loriot au corsage d'or nous annoncer la prochaine maturité des cerises.

Mieux accueilli encore est le roi de ces virtuoses emplumés, le rossignol, qui s'est installé dans les bosquets en bordure de la forêt. A peine débarqué, chaque soir, avec une régularité consciencieuse que n'ont pas toujours les artistes les plus grassement rétribués, il nous donne son concert qui berce notre premier sommeil, et il le renouvelle avant l'aube. Je ne crois pas qu'il existe d'habitants des campagnes pouvant rester insensibles aux accents passionnés de cet oiseau. Si quelque chose peut me faire envier de ne pas avoir reçu le don de poésie, c'est le regret de ne pouvoir ajuster sur cette adorable musique des paroles qui n'en soient pas indignes; elle a des nuances dont aucune expression ne peut rendre la délicatesse, des élans qui vous pénètrent jusqu'au ravissement.

Je dois ajouter que nul de ses pareils, bien que nous ne fassions à aucun d'eux un sort digne d'envie, ne m'inspire plus de compassion que le rossignol, parce qu'il n'en est pas envers lequel nous nous

montrions plus cruelle-
ment ingrats qu'envers
ce chanteur des nuits du
printemps.

Pendant ces nuits, ses
trilles harmonieux, ses

Le nid de la fauvette.

points d'orgue merveilleux auront
charmé vos oreilles et réjoui votre cœur,
et ceci n'est rien encore; de tous nos
insectivores il est un des plus actifs; non seulement il se nourrit de

vers, des insectes ennemis de nos végétaux, mais ceux-ci forment
la nourriture exclusive
de ses petits pendant la
période de leur éduca-
tion.

Il se montre en même
temps un incomparable
artiste et l'un de nos
auxiliaires les plus pré-
cieux; à ce double titre
il semblerait que nous
ne devrions pas lui mar-
chander notre pitié pour
son salaire, et au con-
traire il n'est pas d'oi-
seau plus persécuté, je
n'en connais pas dont
les nids soient quêtés
avec plus d'acharne-
ment que les siens. L'é-

Le rossignol.

levage de ses petits par des mains humaines étant une tâche laborieuse et difficile, le prix de l'oiseau adulte, fort recherché par les
amateurs de musique de chambre, est toujours assez élevé, et la
perspective de gagner ce quine à la loterie du dénichage tente singulièrement notre jeunesse villageoise.

Il est vrai que les braconniers de l'espèce qui s'attaque aux oisillons ont trouvé un moyen de supprimer cette phase scabreuse de la
prise de possession du chanteur; ils dédaignent les couvées, leur
permettant de crever en paix dans leur berceau, et ils capturent
les vieux à l'aide de cages-traquenards. Il faut l'avouer, le rossignol ne dément pas du tout la réputation que l'on prête à nos té-
nors d'être moins bien partagés sous le rapport de l'intelligence,
que sous celui des cordes vocales. On gratte un peu la terre dans
les environs de son buisson, on y dépose un ver de farine sur le-

quel le piège est posé, et en moins de dix minutes le filet s'est refermé sur le pauvre niais.

Il est vrai qu'il est aussi difficile d'habituer l'oiseau à la cage que de l'élever quand il a été pris dans son nid. Nous nous souvenons d'avoir rencontré un jour un homme qui se livrait à ce triste métier. Il opérait en ce moment dans les îles de la Marne, au-dessous de Nogent, et il nous raconta qu'en deux jours il en était à sa trentième capture. L'ayant mis en confiance par l'offre d'un cigare et nous étant assuré de son désintéressement en lui déclarant que nous professions l'horreur de l'oiseau en cage, il nous avoua que, sur ces trente prisonniers, il se trouverait bien heureux s'il lui en restait quatre qui devinssent « marchands », comme il disait, c'est-à-dire en en état d'être portés au marché.

Car c'est au marché aux oiseaux que les jeunes oiseaux comme les vieux viennent aboutir. C'est donc là surtout que devrait se concentrer la répression, si l'on tient à en finir avec ces déplorables destructions. Les circulaires démontrent, il est vrai, les excellentes intentions du ministre qui les signe, mais elles n'arrêtent que très médiocrement la guerre faite aux nids, non seulement du rossignol, mais de tous nos oiseaux. Les maires auxquels elles finissent par arriver sont impuissants à les faire exécuter. Si, comme le ministre, ils sont frappés de leur nécessité, ils en diront quelques mots à leur garde champêtre ; si, en promenant sa surveillance à travers champs, ceux-ci rencontrent un gamin en rupture d'école en train de commettre le délit recommandé, ils ne manqueront pas de le conduire par l'oreille devant le magistrat ; le plus souvent celui-ci, indulgent pour une peccadille dont il fut lui-même coutumier dans sa prime jeunesse, se contentera d'adresser une semonce au coupable, pour lequel des considérations électorales pourront aussi très chaleureusement plaider.

Nous croyons que, pour obtenir un résultat satisfaisant, il faudrait commencer par le commencement, c'est-à-dire obtenir des professeurs du Muséum une nomenclature de tous les oiseaux utiles et dont la conservation est nécessaire à l'agriculture, puis prohiber rigoureusement leur capture, leur colportage et même leur possession, comme on prohibe la capture et la vente du gibier lorsque la chasse est fermée.

Malgré les prix élevés auxquels arrivent quelquefois les rossignols parfaitement acclimatés dans leur cage, ils ne manquent jamais d'amateurs. Un des plus enthousiastes que nous ayons connu fut certainement feu le député Madier de Montjau, un brave cœur, un loyal et très aimable camarade en dépit de sa réputation d'outrancier farouche. A Bruxelles, pendant la première période de son exil, il en avait trois ou quatre dans la petite chambre de la Montagne-aux-Herbes-Potagères qu'il habitait. Lorsque j'allais le visiter, si l'un de ses pensionnaires entonnait sa ritournelle, il entrait en extase et, de bon gré ou de force, il ne fallait plus bouger jusqu'à la fin de la cantilène. Une nuit que, vers une heure du matin, ayant soupé chez Dumas, je regagnais mon domicile en compagnie du docteur Place, lorsque nous passâmes devant la maison de Madier de Montjau, mon compagnon m'arrêta :

— Il faut le réveiller, me dit-il.

— Vous n'y pensez pas, m'écriai-je; à près de deux heures du matin, il sera furieux et il y aura de quoi.

— Allons donc, me répondit le docteur, je vous garantis, moi, qu'il nous remerciera et que, s'il habitait le rez-de-chaussée, il nous embrasserait!

Et il continua d'appeler : Madier! Madier! de toutes les forces de ses poumons. L'ancien représentant du peuple l'avait entendu, car la fenêtre s'ouvrit ou plutôt se releva, — elle était à coulisses, — et nous vîmes apparaître la tête barbue de Madier, coiffée du classique bonnet de coton.

— Que voulez-vous, mes chers amis?

— Nous n'avons pas voulu nous coucher sans avoir des nouvelles de votre rossignol : comment va-t-il, depuis tantôt?

— Parfaitement, mes amis; la poudre que vous m'avez donnée pour lui a fait merveille, je le tiens pour sauvé. Aussi je ne saurais trop vous exprimer combien je suis touché de la sollicitude dont vous témoignez pour lui et je vous en remercie, chers amis !

Nous nous éloignâmes encore salués. par les démonstrations de la reconnaissance du terrible Montagnard, dont l'accent ému garantissait la sincérité.

XIII

Il n'est pas un ami des bêtes qui ne se soit demandé, au moins une fois, si la nature n'avait pas trop parcimonieusement mesuré la durée de l'existence aux animaux dont elle nous permettait de faire nos auxiliaires. Cette critique un peu irrévérencieuse paraît d'autant plus autorisée, qu'en y pensant on se figure que quelque irréflexion a dû avoir présidé à cette distribution des longévités, et que la bonne dame qui en eut l'initiative n'a pas du tout pesé les services que ses élus comme ses déshérités étaient appelés à rendre à la créature comme à la création.

L'ara.

Le corbeau a reçu de soixante à quatre-vingts ans en partage; il est, il est vrai, un expurgateur de premier ordre, et son rôle utile commandait qu'on le ménageât. Mais le perroquet, un déprédateur et le « gâcheur » par excellence, n'a pas été moins favorisé, et c'est pendant une égale période qu'il pourra répondre : « Oui! oui! » à la question : « As-tu déjeuné, Jacko? » que lui pose quotidiennement sa maîtresse. A côté de ceux-là, elle a mesuré à une vingtaine d'années la vie du cheval, notre utile collaborateur,

et elle s'est encore montrée beaucoup moins généreuse envers le
chien. Celui-ci entre dans la caducité vers douze ans : il n'est plus
bon qu'à nous aimer, autant, hélas! qu'il est encore possible d'aimer à un vieillard.

Même au point de vue positif, la durée de la vie du chien de chasse
est évidemment trop brève. J'incline à croire que la nature, comme
c'était son droit, s'est médiocrement préoccupée des convenances des
chasseurs, puisqu'elle a refusé un sursis à leur indispensable auxiliaire. Le dressage d'un chien d'ar-
rêt est bien rarement terminé avant
sa deuxième année; à trois ans seulement, ses qualités se développent;
ce n'est guère que dans la qua-
trième année qu'elles s'affirment.
Elles feront la joie de son maître
pendant trois ou quatre ans; puis
la liste de ses hauts faits sera close;
arrivé à sa dixième année, l'animal
sera bien souvent incapable d'un service un tant soit peu actif et vous
laissera aux prises avec des souve-
nirs qui, nécessairement, se transformeront en regrets. Sous le rapport du sentiment, c'est pis encore.

En faisant si brève la durée du passage du chien sur la terre, la
création eût dû, au moins, épargner à la pauvre bête la tristesse
du préambule de toute fin : la vieillesse. Oh! cette vieillesse du chien,
même chez les maîtres qui en professent le respect, je ne sais rien
de plus lugubre. Comme il expie alors la joyeuse insouciance, la vivacité pétulante de son jeune âge! Sentant de jour en jour se rouiller
les ressorts musculaires auxquels il devait la vigueur et l'élasticité
de ses membres, il devient triste, lourd et paresseux : ce ne sont
plus seulement les nuits, ce sont les jours qu'il consacre exclusivement à ce sommeil dans lequel il faut voir un doux apprentissage
de la mort qui nous attend, bêtes et gens. C'est à peine si, à la

voix du maître, il relève ses lourdes paupières, fixe sur lui un re-
gare encore aimant, agite sa queue; mais, le plus souvent, il ne
trouve plus la force de se lever pour aller chercher la caresse dont
il était autrefois si avide et retombe dans sa somnolence. Ce ne serait rien encore si ses vieux jours étaient affranchis des infirmités
aussi cruelles pour celui qui s'est attaché à lui que pour l'animal
qu'elles accablent. Plus le chien se sera dépensé en bons
et loyaux services, plus elles seront nombreuses et aiguës.

J'ai possédé un chien devenu, avec l'âge, absolument
sourd, puis presque aveugle et, avec cela,
perclus de rhumatismes, qu'il devait à de
trop fréquentes campagnes dans le marais.
Il ne finissait un somme que pour en recom-
mencer un autre. Deux choses cependant
avaient survécu chez lui : son amitié pour

Le vieux Stop.

son maître et sa pas-
sion pour la chasse.
Celle-ci était si vi-
vace qu'il fallait se cacher pour partir avec un fusil sur l'épaule;
cependant, tout engourdi qu'il parût, très souvent il déjouait nos
charitables précautions : au bout de quelques centaines de pas, nous
l'apercevions qui nous suivait en geignant, car il en était arrivé à ce
point de ne plus pouvoir remuer une patte sans accompagner le
geste d'un cri.

Un jour, il lui arriva de réussir à prendre les devants et il se mit à
quêter en clopinant dans un champ où nous allions entrer. Je venais

de dire au garde de le reconduire à la maison, lorsque celui-ci me le montra en arrêt au milieu d'un trèfle, dans une attitude rappelant ses plus grands jours. Je ne résistai pas à la tentation de tuer sa dernière perdrix au pauvre invalide : l'oiseau tomba, et le vieux Stop, qui, du quartier d'œil resté bon, l'avait parfaitement vu partir à une sorte de galop-traquenard, retrouva la perdrix, la ramassa, revint à moi à la même allure puis, toujours gémissant, se dressa sur ses pattes de derrière pour poser celles de devant sur ma poitrine, — ce qu'il n'avait jamais fait, — et me présenter mon gibier en se laissant retomber, tourna deux ou trois fois sur lui-même et resta raide. Il était mort étouffé dans l'effort suprême qu'il venait d'exécuter.

Les esprits forts ne manqueront pas de me démontrer que c'eût été un acte d'humanité que de délivrer ce malheureux animal d'une existence qui ne lui réservait plus que des souffrances. Je ne nie pas qu'ils aient raison; mais, cette concession faite à leur logique, je n'en persiste pas moins dans mon impénitence. Peut-être faut-il l'attribuer à quelques gouttes de sang hindou qui doivent couler dans mes veines, mais j'éprouve une profonde répugnance à me nourrir de la chair d'un oiseau que j'ai élevé, nourri de mes mains et dont la vue a été ma récréation ordinaire. Jugez de ce que cela doit être quand il s'agirait de rayer du nombre des êtres vivants un autre animal dont je ne me suis plus seulement amusé, mais auquel j'ai rendu affection pour affection, auquel, pendant de longues années, j'ai dû mes joies les plus franches!

Certainement, la vie misérable que la vieillesse ménage au chien est profondément digne de pitié; elle est douloureuse pour celui d'entre nous qui en est le témoin si quelque affection l'attache à l'animal. Cependant, qui pourrait affirmer que ce chien, qui n'est point un idéaliste, ne trouve pas une compensation à ses souffrances dans la satisfaction de ses appétits? Il ne m'est pas du tout prouvé que le vieux Stop, dont je viens de vous raconter la fin, n'eût pas volontairement acheté la dernière jouissance que je réussis à lui procurer au prix des douleurs qui avaient perclu ses membres.

Au moment où j'écris, j'ai devant moi, couchée sur un tapis, une vieille chienne également fort âgée et très impotente. De temps en temps, je l'entends murmurer un aboi étouffé et je vois des frissons courir sur sa peau. Elle rêve : donc, elle se souvient. Elle rêve certainement des beaux jours évanouis : elle se retrouve dans la plaine immense, elle la parcourt d'un infatigable jarret; l'odeur du gibier a caressé ses nerfs olfactifs; elle avance sur lui avec précaution en se rasant dans l'herbe, elle l'entend se lever, elle le voit tomber, elle croit sentir dans sa gueule la dernière convulsion de l'oiseau ramassé, elle jouit de cette illusion comme elle jouissait jadis de la réalité.

Nous-mêmes, humains, lorsque les années ont glacé notre sang, raidi nos muscles, ne trouvons-nous pas dans l'évocation des joies de la jeunesse la plus sûre consolation de la lugubre monotonie des derniers jours que nous ayons à passer sur la terre? Ce sont les souvenirs qui nous fortifient contre les amertumes du présent, et nous n'y renoncerions pas volontiers. Si le chien partage, dans une certaine mesure, ce privilège avec nous, ne le lui disputons pas.

Voilà les raisons pour lesquelles, pauvres animaux, je n'ai jamais voulu me mêler d' « abréger vos souffrances ». Ne sachant pas grand' chose du présent et rien du tout de l'au-delà, j'estime que mieux vaut encore vivre que d'entrer dans l'inconnu, et j'hésiterai toujours à y lancer un être que j'aime.

XIV

Au temps très lointain où j'étais un bien médiocre élève du lycée de Caen, nos voisins ne nous avaient pas encore gratifiés de ces « allumettes chimiques allemandes », le plus grand bienfait qu'ils aient rendu à la civilisation, puisqu'elles n'ont pas peu contribué à l'éclairer. Nous étions alors réduits aux briquets phosphoriques dits « fumados », un petit flacon de verre protégé par un tube de carton et contenant un amalgame de phosphore dans lequel il fallait plonger une allumette spéciale pour qu'elle s'enflammât.

Les hannetons.

Assez ingénieux en matière de malfaisance, j'imaginai, un soir, de recueillir avec un pinceau une partie de cette pâte phosphorée et d'en enduire les

élytres d'un hanneton qui avait eu la malechance de venir figurer
dans la ménagerie que j'entretenais dans mon pupitre; puis, ce co-
léoptère ainsi accommodé, je l'avais lâché dans le dortoir.

Mon hanneton fulgurant eut un succès colossal; mis à l'éveil par
ses bourdonnements et ses chocs contre les carreaux, et tous, en chemise et coiffés du classique bonnet de coton, — il était d'ordonnance à
cette époque, — nous nous évertuâmes à donner la chasse à mon infortuné pensionnaire qui, lui, n'apportait pas moins d'acharnement
dans sa recherche d'une issue.

Malheureusement cette chasse ne s'effectuait pas sans tumulte. Le
maître d'étude sortit du réduit où il couchait et accourut vêtu de son
seul pantalon. Ce scarabée aux ailes de feu l'étonna probablement en
déroutant ses connaissances en histoire naturelle; mais c'était un
homme d'action incapable de reculer devant un danger. D'un coup de
son casque à mèche, — j'ai dit qu'il était d'uniforme, — il abattit l'insecte et, l'ayant ramassé, il commença à l'examiner. Hélas! c'était à un
pion des plus malicieux et des plus terribles que j'avais affaire!

A quelques touches lumineuses qui lui restèrent aux doigts, il de-
vina le « truc », comme on dirait aujourd'hui. Il promena un regard
inquisitorial sur nos couchettes. Dans la joie que m'avait causée la
beauté de mon invention, j'avais laissé sur la mienne le briquet phos-
phorique et le pinceau dont je m'étais servi : il prit ce pinceau encore
imprégné de la matière, et me le promena sur le nez à deux ou trois
reprises. En me voyant rayonner à mon tour, les copains partirent
d'un formidable éclat de rire, que le pion n'eut pas la générosité
d'interrompre.

— Recouchez-vous tous, dit-il enfin; quant à vous, demain, pendant la récréation, vous me copierez cinq cents fois cette phrase :
« Tout ce qui brille n'est pas or! »

XV

Les cerises, leurs amis, leur véritable image. — La tradition de Lucullus et l'abbé Rozier.
Histoire d'un bigarreau subversif.

Au temps heureux où l'humanité, curieuse de fournir une étiquette à ses fastes, ne disposait point d'événements plus considérables que l'abondance de telle ou telle de ses productions, 1889 se fût certainement intitulé l'année des cerises. Jamais les rameaux de l'arbre ne se sont montrés plus surchargés de fruits vermeils; encore, il en est heureusement tombé près d'un tiers avant la maturation. Si le généreux cerisier n'avait pas pris l'initiative de ce sacrifice, le bienfait pouvait devenir un désastre, ses branches n'eussent pas résisté.

C'est avec intention que nous qualifions cette prodigalité de bienfait; évidemment elle n'enrichira personne, bien que les cerises soient pour certains cantons l'objet d'un assez sérieux commerce; mais si la richesse de cette récolte n'ajoute qu'un faible appoint au pécule des propriétaires de cerisaies, elle aura, partout où elle s'est manifestée, fait la joie de tout un petit monde qui est certainement de tous le plus intéressant. Les cerises sont les fruits favoris des enfants; elles fournissent des jouets aux petits garçons, des joyaux aux petites filles, tout en ayant sur les parures les plus superbes et sur un tas de joujoux l'avantage de devenir un régal quand on s'en est suffisamment amusé, quand ces superbes girandoles vous ont faite suffisamment belle.

Lorsqu'elles surabondent, personne ne se refuse la satisfaction de voir s'épanouir les petits visages sous leurs tignasses embroussaillées, en mettant une poignée des charmantes baies dans la main ou dans le giron des bambins ; du reste, si vous vous montriez réfractaire à ce plaisir, les guigniers des haies, les merisiers des bois sont là pour suppléer à la générosité qui vous manque.

La poésie du commencement de notre siècle utilisa beaucoup le procédé consistant à dépeindre un végétal en le comparant à quelque métal, à quelque minéral précieux ; en ce qui concerne les cerises, il nous semble qu'elle n'y a pas trop réussi ; les rubis et le corail les représentent très imparfaitement ; sans doute, en réalisant l'image, elles éblouiraient davantage, mais avec cette substitution elles seraient insupportables à regarder et donneraient une pauvre idée de ce fruit charnu dont la pulpe savoureuse se devine sous l'épiderme d'un rouge brillant qui l'enveloppe ; un vieux poëte, Mellin de Saint-Gelais, nous semble avoir été bien mieux inspiré lorsqu'il lui a fait l'honneur de le comparer aux lèvres d'une jolie femme :

> Ne say quand l'une à l'autre touche
> Quelle est la cerise ou la bouche,
> Tant sont également vermeilles.

Lorsqu'ils savourent les cerises de leur dessert, nos lecteurs, qui doivent incontestablement avoir le cœur bien placé, se croient probablement tenus de donner un souvenir à Lucullus, auquel la tradition affirme que nous devons cet aimable fruit. C'est un si beau sentiment que celui de la reconnaissance envers les lointains bienfaiteurs de l'humanité que nous éprouvons quelque scrupule à nous attaquer à lui ; mais enfin, il est clair qu'en rapportant quelques greffes de Cérasonte, le fastueux Romain a fort peu songé à la postérité et beaucoup à l'appoint qu'il allait procurer au luxe de ses festins ; nous pouvons donc rétablir la vérité, dût notre gratitude envers l'importateur des cerises y laisser quelque chose de sa vivacité.

Un pomologue distingué du dix-huitième siècle, l'abbé Rozier, publia en 1785 un article dans lequel il démontra péremptoirement que les cerisiers dérivaient, soit par les semis soit par l'hybridation,

des merisiers sauvages, lesquels, rares en Italie, sont complètement
indigènes des Gaules, de la Grande-Bretagne et de la Germanie, et
il indiqua, dans leurs différentes espèces sauvages, les souches des
principales variétés de l'arbre cultivé. Ce travail, où la logique et
l'observation s'appuyaient sur une remarquable science arboricole, fut
adopté par Lamarck, qui, l'ayant reproduit dans l'*Encyclopédie méthodique*, lui donna l'appui de son autorité. Lucullus aurait donc
tout simplement introduit en Italie une variété de cerises plus douce
que celles que l'on y connaissait. Pline, qui en décrit dix espèces, ne
fait aucune allusion à la conquête de Lucullus, ce qui n'indique pas
que celle-ci ait produit une sensation bien considérable dans le monde
romain.

Les cerises me remettent en mémoire un épisode de mon enfance
dans lequel j'ai éprouvé un terrible moment d'épouvante, ce qui ne
lui donnerait pas un bien vif intérêt, s'il ne fournissait également
la mesure de ce qu'étaient les passions politiques en l'an de grâce 1833.
Je serai forcé de commencer par un aveu quelque peu humiliant :
longtemps avant qu'il m'eût poussé des moustaches, je subissais
déjà l'attraction pernicieuse du fruit défendu. Or, ni plus ni moins
qu'Ève, notre mère commune, j'avais, à l'âge de six ou sept ans,
mon arbre de la science du bien et du mal, dans le petit parc du
domaine où j'étais élevé. La ressemblance de ce parc avec le Paradis
terrestre était d'autant plus complète que, cet arbre étant le seul
auquel il me fût interdit de toucher, ce parc m'offrait comme compensation des fruits de toutes les espèces, et cela avec une profusion
dont il me serait difficile de vous donner une idée.

Mon grand-père, auquel il appartenait, était un ex-mousquetaire
qui, après la seconde Restauration et la réforme de la Maison-
Rouge, avait échangé l'épée contre la charrue; charrue est là con-
formément à la tradition, car c'est la bêche qu'il faudrait dire.
Certainement, mon grand-père ne dédaignait point d'ensemencer
ses champs, mais les plantations étaient l'objet de ses préoccupations
principales. Peu à peu, déroquant les massifs et les bois entourant
l'habitation, envahissant les pelouses, sacrifiant sans relâche l'a-

gréable à l'utile, il avait transformé le parc en un immense verger où il accumulait et multipliait toutes les espèces d'arbres fruitiers qu'il pouvait se procurer. Des pommes et des poires, on fabriquait du cidre; mais comme la viabilité de ces temps lointains laissait forte-tement à désirer, cerises, prunes, abricots pourrissaient invariable-ment sous l'arbre qui les avait portés, lorsque je n'avais pas jugé à propos d'en faire quelques distributions à mes petits amis du vil-lage.

Cinq ou six ans auparavant, mon grand-père avait fait venir d'Al-lemagne un plant de cerisier qui, d'après l'expéditeur, devait donner des cerises merveilleuses; c'était ce cerisier dont le respect m'avait été imposé et dont je ne devais cueillir les fruits sous aucun prétexte. Les admonestations réitérées que j'avais reçues à ce propos avaient produit sur moi d'autant plus d'impression qu'une expérience an-térieure m'avait démontré que l'ancien mousquetaire, en ce qui concernait l'autorité paternelle, était resté fidèle aux principes de l'an-cien régime.

Un jour que je me refusais énergiquement à me contenter de ce qui avait été placé sur mon assiette, il m'avait fait emporter de table et mettre dehors; comme je protestais de mon mieux en cri-blant la porte de coups de pied, il s'était levé lui-même, m'avait placé sous son bras, puis, découvrant mes œuvres vives, insensible aux pleurs et aux supplications de ma mère, il m'avait administré une correction qui devait d'autant plus se graver dans ma mémoire qu'en ayant mérité pas mal, elle fut la seule que j'ai eu l'humiliation de recevoir. Comme cette correction était de date relativement assez récente, le fameux cerisier, même lorsque pour la première fois il se chargea d'une trentaine de fruits, se trouvait aussi bien défendu que si l'ange à l'épée fulgurante eût été de faction à son pied.

Ma réserve était d'autant plus méritoire que j'avais quelque peine à rester homme de bien; ce diable de cerisier m'attirait comme l'ai-mant attire le fer; que j'y songeasse ou non, c'était toujours de son côté que je me dirigeais : je ne me lassais pas d'admirer ces cerises blanchissantes, mais déjà énormes; je cherchais dans l'herbe, espé-

rant toujours que l'une d'elles, en tombant d'elle-même, me permet-
trait d'apprécier, sans désobéissance et sans risque, le goût étrange
que devaient avoir des fruits venus de si loin; et ce n'était qu'après
de longues mais infructueuses recherches que je me décidais à m'en

Mon grand-père arrivait juste à point.

aller me consoler plus loin en croquant une prune ou une pomme
vertes, les meilleures que nous ayons jamais mangées les uns et les
autres, souvenez-vous en!

Un jour, un de nos voisins, un enragé de pomologie comme mon
grand-père, vint déjeuner à la maison avec sa petite fille Charlotte,
avec laquelle j'avais fait déjà pas mal de bonnes parties. Pour la dis-

traire il fallait nécessairement lui faire visiter les curiosités du parc-verger, et je n'oubliai pas le cerisier prohibé, dont je lui racontai l'histoire et la lointaine provenance; comme moi, plus que moi, Charlotte tomba en extase devant la grosseur des fruits.

— Elles doivent être fièrement bonnes, murmurait-elle en soupirant; dis donc, le cerisier n'est pas bien haut, tâche d'en attraper deux ou trois pour y goûter seulement.

J'objectai la défense du grand-père, j'insinuai qu'il devait avoir compté ses cerises, dont le jeune arbre ne portait qu'une trentaine.

— Bah! fit Charlotte, on croira que ce sont les moineaux!

Un véritable serpent, cette petite Charlotte; elle en avait, je m'en souviens, la ruse insinuante et le regard fascinateur; je cédai autant à ses instances qu'aux suggestions de mon tempérament, et puis aussi à un petit mouvement de cette vanité dont la nette et droite intelligence enfantine n'est pas exempte; et me voilà grimpant au tronc prohibé. Arrivé à la hauteur de la greffe, je saisis le rameau principal. Malheureusement la greffe, encore imparfaitement soudée, céda sous mon poids, et, la branche entre les bras, je tombai lourdement sur la terre.

La fatalité voulut qu'épouvantée de ma chute Charlotte jetât de grands cris; mon grand-père, qui venait précisément montrer son cerisier allemand à son ami le pomologiste, arriva juste à point pour me prendre par le collet de ma veste et me remettre sur mes pieds en me secouant quelque peu; en même temps, il me tançait avec une rudesse qui me donnait un avant-goût des proportions qu'allait prendre le châtiment avec lequel j'avais déjà fait connaissance. Je tremblais; mais le voisin, qui, ayant ramassé la branche cassée, en examinait minutieusement les feuilles et les fruits, intervint.

— Mon cher, dit-il à mon grand-père, ne grondez pas cet enfant, qui, sans le vouloir, vous aura rendu service. Votre pépiniériste de Munich est un imposteur. Ceci n'a jamais été un dérivé, un hybride du buttner jaune, comme il le prétend; vous avez là un cerisier connu depuis longtemps des Allemands, qui l'appellent Lauermann, mais auquel malheureusement, car il n'est pas sans mérite, la France a infligé un nom qui ne permet pas aux honnêtes gens de le tolérer dans leur fruitier : c'est le bigarreau Napoléon!

Les sourcils de mon grand-père s'étaient crispés, ses lèvres se plissaient dans une moue significative, mais il avait lâché mon oreille, ce qui était pour moi un soulagement.

— Et vous êtes bien sûr de le reconnaître? demanda-t-il à son ami.

— Oh! ce ne serait pas moi qui m'y tromperais, dit l'autre visiblement froissé dans son amour-propre arboricole.

Dans son indignation, mon grand-père n'en écouta pas davantage, il allongea le bras, arracha l'un après l'autre les trois rameaux qui avaient survécu à ma culbute, les brisa sur son genou, les jeta au pied du tronc mutilé; après cette exécution, que le voisin approuvait du regard et du geste, tous deux s'éloignèrent dédaigneusement des beaux fruits roses qui avaient excité la concupiscence de Mlle Charlotte et la mienne. Il ne fut plus question de punition. Et cependant, ayant contribué à débarrasser la collection de ces bigarreaux subversifs, peut-être avais-je mérité qu'on me permît tout au moins d'y goûter.

XVI

Le ménage de troglodytes que nous avons la bonne fortune d'héberger depuis trois ans dans le toit d'une méchante serre est encore revenu à son gîte de mousse; les années ont passé sur nos oisillons sans altérer leur belle humeur, sans diminuer leur vivacité pétulante. Comme autrefois, nous les voyons toujours en mouvement, disparaissant aussitôt qu'on se montre dans les alentours de leur demeure, se dissimulant dans un buisson ou dans les lierres de la vieille muraille, mais reparaissant tout de suite, la petite queue relevée et vibrant joyeusement à droite et à gauche, puis se cachant de nouveau presque immédiatement, comme s'ils craignaient d'encombrer l'univers.

Cette modestie serait, du reste, en contradiction avec le sentiment que lui prête la tradition bretonne. Dans l'interprétation du chant du « besuchot », comme on appelle là-bas le troglodyte, on voit revenir sans cesse cette idée que la branche, que la poutre du pressoir sur lesquelles l'oiseau est perché, ne sont pas assez solides pour porter un si volumineux personnage et vont céder sous le poids de son corps. Si la traduction est fidèle, je veux croire que c'est pure ironie et que la chanson de l'oisillon se moque tout simplement de l'importance que s'attribuent assez généralement les bipèdes.

Si la taille du troglodyte est minuscule, en revanche, en sa qualité de préposé à la répression de la multiplication des insectes, il a reçu

le don de fécondité ;
nous avons compté
dix œufs dans un de
ces nids et jamais
nous n'en avons trou-
vé moins de huit. Si
l'on en juge par l'ar-
deur avec laquelle il
s'acquitte de son œu-
vre de nourricerie, le
couple doit mener à
bien l'éducation de
cette famille relative-
ment peu proportion-
née à ses forces. A
l'exception des mé-
sanges, peu d'oiseaux
se livrent avec autant
d'assiduité à la chasse
des chrysalides, des
araignées et des au-
tres petits insectes qui
composeront la nour-
riture de la naissante
famille ; les allées et
venues des deux oi-
seaux du dehors au
nid sont incessantes
du matin jusqu'au
soir. De temps en
temps, on voit poin-
dre dans le trou pra-
tiqué dans la mousse

Les troglodytes.

et représentant la porte et la fenêtre du berceau, un petit bec jaune, largement ouvert indiquant que là-dedans on ne trouve jamais les arrivages assez fréquents.

Les légendes sur les troglodytes sont assez nombreuses et s'étendent de la Bretagne à la Normandie. Suivant la plus répandue, si le rouge-gorge alla chercher le feu du ciel, ce fut le besuchot qui l'alluma. Aussi le malheur frappe inévitablement celui qui déniche ses œufs, et le moins qui puisse lui arriver sera de rester estropié de la main avec laquelle il aura accompli le rapt.

Cette superstition a heureusement protégé bon nombre de nids de troglodytes, et il est fâcheux qu'elle ne se soit pas étendue à d'autres couvées d'insectivores; enfin, il faut espérer que la raison, finissant par pénétrer dans les jeunes cerveaux, produira des résultats identiques à ceux dont le besuchot a bénéficié. Si sincèrement que nous prêchions aujourd'hui, nous n'en avons pas moins été, au jeune âge, un dénicheur assez acharné.

Un jour, un petit camarade était venu m'avertir qu'il « savait » un nid magnifique tout près de la maison. C'était dans ce que, en ces temps lointains, on appelait un chemin creux, quelque chose comme un ravin creusé par les eaux et jonché de pierres. Le nid était placé et abrité sous la crête du talus, mais à une telle hauteur, la pente étant perpendiculaire, qu'il était absolument impossible à mon copain comme à moi d'y arriver.

Mais à cet âge on n'est jamais à court d'expédients : je grimpai sur les épaules de mon associé, et je touchais du bout des doigts l'objet de nos convoitises, lorsque le buisson qui le dominait s'ouvrit bruyamment, une vieille gardeuse de vaches que l'on appelait la mère Tranquille apparut sur le couronnement et elle nous cria :

— Qu'est-ce que vous faites là, garnements ! c'est un nid de besuchot, le roi des oiseaux; vous ne savez donc pas que le bras va vous choir si vous y touchez?

J'avais déjà désenfourché mon collaborateur et tous deux nous prenions la fuite; mais un grand bruit nous fit retourner, c'était la pauvre mère Tranquille qui venait de dégringoler de ces hauteurs et qui gisait au milieu du ravin, sans pouvoir se relever, car son sabot, en tournant dans sa chute, lui avait donné une entorse. Le nid ayant été entraîné dans sa culbute, si involontaire qu'eût été la destruction, si pures que fussent les intentions de la bonne femme, la croyance en fut si bien fortifiée dans le village, que, malgré toute l'attraction des jolis petits œufs blancs tiquetés de rouge, jamais depuis lors je ne m'attaquai au nid du troglodyte.

XVII

La pêche étant ouverte, nous allons en profiter pour faire un petit tour sur la rivière. Parlons de la carpe. Elle représente à peu près la seule variété qui ait subi une domestication relative. Aucune autre ne se multiplie, ne se développe aussi aisément que celle-là dans les eaux stagnantes de nos viviers. La carpe est encore, de tous les habitants de l'onde, celui chez lequel les facultés éducatrices sont le moins imparfaitement développées. On la décide très bien, avec de la persévérance, à venir, au coup de sifflet de son gardien, chercher à la surface la nourriture que celui-ci lui distribue.

La carpe d'étang et la carpe de rivière ne se ressemblent pas plus au moral, si moral il y a chez elles, qu'au physique. L'extérieur de la première est terne, sa couleur est noirâtre, ses écailles sombres se couvrent d'un enduit visqueux; souvent, lorsqu'elle a atteint une certaine grosseur, sa tête et son dos se tapissent d'une espèce de mousse blanchâtre. Il est fort rare qu'elle n'emporte pas avec elle l'odeur des fonds bourbeux dans lesquels elle a vécu et dont elle s'est assimilé les molécules. La carpe de rivière, au contraire, se présente toujours nette et brillante; ses écailles affectent tous les irisements du métal, tous les chatoiements de l'or auquel il semble qu'elle ait emprunté sa cuirasse; sa senteur reste fraîche et douce.

L'une, avec la stupidité de la goinfrerie, avec la simplicité des

êtres qui, suivant une pittoresque expression, ont fait un dieu de
leur ventre, se jette sur tous les appâts qu'elle rencontre, sans soupçonner que la main qui les lui offre a peut-être un autre but que
de la rassasier; elle a perdu la prescience de la casserole et le pres-
sentiment de la poissonnière. Vous en prenez une, vous en prenez dix, vous en prenez cent, et la cent unième n'est pas mise en
émoi par la disparition de ses camarades. Elle les a vues traverser
les airs avec des contorsions qui, dans la mimique du peuple écaillé,
doivent exprimer la terreur et la douleur; elle n'a rien conclu de cette
étrange façon de voyager, elle n'a rien retenu de ces démonstrations
éloquentes, elle se jette goulûment sur l'hameçon, elle s'engage en
aveugle dans les rets tendus sur son passage.

Avec sa sœur des eaux vives, il faut un autre engin qu'une épingle
recourbée, couverte d'une boulette de mie de pain au bout d'une ficelle. La carpe de rivière est méfiante et rusée. Sous les dehors d'une
gravité un peu bonasse, elle met une finesse très réelle au service de
ses instincts de conservation. Si appétissant que soit le morceau qu'on
lui offre, si innocemment que l'engin se présente, elle semble toujours
s'absorber dans la méditation de ce vers du Cygne de Mantoue :

Timeo Danaos et dona ferentes (1).

Elle n'oublie jamais que l'homme est pour elle bien plus à redouter que les tyrans à écailles dont les meurtres ensanglantent ses
humides retraites. Si par hasard elle cède à la tentation, si elle se
laisse abuser par l'art avec lequel le piège est dissimulé, — cela
arrive aux carpes comme aux hommes, — elle défend sa vie en poisson qui en sait le prix.

Elle s'insurge contre le fil qui la retient captive, elle se révolte contre les mailles qui s'opposent à sa fuite; elle appelle à son aide ses
forces qui ne laissent pas que d'être considérables, elle fait de sa tête
un bélier, de sa queue une catapulte; elle pèse sur la soie qui se tend

---

(1) Vers latin passé en proverbe, et signifiant : « Je crains les Grecs, surtout quand ils
portent des présents. »

afin de l'arracher à ses demeures; étouffant la douleur que lui cause
le fer barbillonné que chacun de ses mouvements enfonce davantage
dans ses chairs, elle va, elle vient, elle tourne, elle vire, cherchant
des herbes, une souche, une pierre, un point d'appui lui permettant
d'opérer une manœuvre assez savante pour rompre le fil maudit qui
l'entraîne; très souvent, après cette longue lutte, elle réussit à tromper
les espérances du bon pêcheur qui, déjà, s'inquiétait de l'assaisonne-

La vocation.

ment de son poisson. On ramasse les carpes d'étang, la prise d'une
carpe de rivière est toujours une conquête.

Aussi, en raison des difficultés de la capture, autant que de la valeur
du butin, la pêche de la carpe à la ligne cesse-t-elle d'être un passe-
temps banal pour s'élever à la hauteur d'une passion. Les vieux praticiens blasés sur les victoires faciles, avides de fortes émotions, sont
ordinairement ceux qui adoptent cette spécialité exigeant à la fois
une grande expérience et une inaltérable patience. Un fait fournira
mieux que toutes les dissertations la mesure des proportions que

cette dernière et indispensable condition du succès peut atteindre.

Un ancien chef de bataillon, M. Guérin, retiré à Port-Créteil, se consolait en pêchant à la ligne des loisirs que lui créait sa retraite. Un jour, il lui arriva de manquer un poisson dont la taille lui parut peu commune; décidé à avoir sa revanche, pendant trente-neuf séances consécutives, il pêcha à la même place sans qu'une oscillation du bouchon indiquât que l'hameçon avait été touché.

Cette force d'âme eut sa récompense. Le trente-neuvième jour, M. Guérin prit une carpe qui ne pesait pas moins de vingt-huit livres et, une heure après, deux autres poissons de la même espèce, accusant au pesage l'une seize, l'autre quatorze livres. M. Guérin avait lutté près de trois quarts d'heure avant de réussir à amener dans son bateau sa gigantesque prisonnière, et le vieux soldat passa par de si vives émotions que, lorsqu'on accourut à son aide, il y succomba et s'évanouit.

L'épilogue de ce drame aquatique fut encore assez pittoresque. N'ayant pas d'étui assez grand pour contenir sa capture, le commandant la confia à un pêcheur de profession, lequel la déposa dans sa boutique. Malheureusement, le bruit de cette pêche merveilleuse s'étant répandu, on venait de tous les environs pour admirer le monstre. Le pêcheur se prêtait complaisamment à ces exhibitions gratuites, mais toujours convenablement arrosées. Le poisson fut le premier à se lasser du succès dont il était l'objet; un soir, au moment où le gardien venait de lever la planche qui fermait la boutique, il exécuta un bond formidable qui l'affranchit de la prison. Les mauvaises langues prétendirent que ce saut était d'autant plus extraordinaire, qu'au lieu d'aboutir à la Marne, comme la carpe l'espérait sans doute, il l'avait amenée dans la cuisine d'un des gros bonnets de Port-Créteil.

XVIII

Il est bien peu de cantons ruraux où Esculape ne possède quelque représentant non patenté; il en est, parmi ceux-ci, au moins quelques-uns dont les docteurs les plus diplômés auraient le droit d'envier le renom. La population des campagnes se montre généralement assez réfractaire à la véritable médecine qui a, à ses yeux, le tort considérable de ne pas être gratuite. Elle ne l'appelle à son aide que lorsqu'il lui est impossible de se passer d'elle, et presque toujours trop tardivement, lorsque la cure est devenue difficile, sinon impossible. Elle s'imagine, de plus, que l'homme de l'art possède dans sa trousse la vie et la mort de son client; si celui-ci trépasse et si la parenté attachait quelque prix à son existence, il ne manquera pas de bonnes âmes pour insinuer que le praticien ne sait pas un mot de son métier; si le malade guérit, ce sera toujours trop lentement, et la glose des commères n'y perdra rien; or, au village, sur le point de la renommée médicale, ce sont ces dames qui font la pluie et le beau temps.

Leurs sympathies seront bien plus souvent et bien plus facilement acquises par quelque Hippocrate en blouse et en sabots qui, sans étude d'aucune sorte et pourvu des mêmes licences que Sganarelle, le médecin imaginaire de Molière, a entrepris de soulager les maux de ses concitoyens et consacre à cette besogne les loisirs que lui laissent la culture de son champ, le ressemelage des souliers ou le débit de son vin, car ce dernier métier est celui qu'il cumule le plus souvent avec la noble profession de docteur *in partibus*, l'un faisant marcher l'autre. Celui-là, il lui suffira d'avoir rajusté un bras démis, opéré un panaris, pour que tout le bourg le célèbre par la voix de son beau sexe ; s'il a quelque chance avec ses malades ou ses éclopés, sa réputation d'infaillibilité grandit et, s'étendant à la ronde, prend le caractère d'un article de foi auquel les plus sceptiques hésitent à se soustraire.

Ces Hippocrates en sabots cumulent le plus souvent, avec la profession de docteur *in partibus*, celle de marchand de vin.

Ces docteurs improvisés peuvent se diviser en plusieurs catégories : les rebouteux, les guérisseurs ; l'honorable corporation a, de plus, des spécialistes tout comme la Faculté, et enfin, ce qui manque absolument à celle-ci, ses sorciers. Ne riez pas, nous en avons vu dans l'exercice de leurs fonctions, aux portes même de Paris.

Le rebouteux est le seul que l'on puisse prendre quelque peu au sérieux. Son bagage scientifique est fort mince sans doute ; il ne serait pas médiocrement embarrassé de désigner par leurs noms les os ou les muscles dont il doit réparer les avaries ; mais il a presque toujours acquis, quelquefois en opérant sur les animaux, une réelle habi-

leté des mains lui permettant de redresser les torsions, les déboîte-
ments d'articulations et même de réduire les fractures simples. En-
torses, luxations, bras et jambes cassés sont du domaine du rebouteux et vont à lui comme au sauveur, et de fort loin, si sa renommée
a été préalablement établie par quelques succès. Nous avons vu de
pauvres éclopés entreprendre un voyage d'une douzaine de lieues,
dans une mauvaise carriole, pour s'en aller, au prix de cruelles souffrances, trouver quelqu'un de ces célèbres raccommodeurs de la char-
pente humaine. Ils avaient un excellent médecin à leur porte, mais il
paraît que, même en ce qui concerne la chirurgie, il s'agit d'avoir
la foi !

Il s'en rencontre sans doute quelques-uns qui n'ont pas à le regretter ;
mais combien s'en trouve-t-il pour expier par de véritables tortures,
quelquefois par une infirmité définitive, leur naïve crédulité à l'en-
gouement général ! Nous n'en finirions pas si nous entreprenions d'é-
numérer les nombreux exemples de membres rajustés par les rebouteux qu'il a fallu soumettre à une nouvelle brisure, de pauvres dia-
bles condamnés à de longs mois d'hôpital, et d'autres malheureux
devenus incapables de se servir de bras ou de jambes ankylosés. Si
lamentables qu'ils soient, ces sortes de dénouements n'altèrent que
faiblement le crédit de ces praticiens de contrebande ; toujours disposé aux insinuations les plus malveillantes lorsque le véritable médecin n'a pas guéri son malade, le paysan est plein d'indulgence
pour celui qui ne tient que de lui-même son investiture et, avec l'entêtement qui le caractérise, il se chargera de chercher des excuses à
ses bévues ; l'idée que l'un de ses pairs peut en savoir plus long qu'un
monsieur en redingote caresse l'orgueil qui gîte au fond du cœur du
moindre gratteur de terre ; et puis le rebouteux se contente d'un mince
salaire, il n'envoie jamais chez le pharmacien, et pour cause : toutes
raisons pour perpétuer la vogue dont il jouit.

Le guérisseur est infiniment plus fantaisiste et par conséquent plus
curieux à étudier. A part les spécialistes, que nous avons indiqués,
possédant la recette de quelque onguent, d'une pommade, d'une eau,
remèdes souverains de tel ou tel mal déterminé, il est rare que le gué-

risseur exerce ostensiblement son art, comme le font généralement les rebouteux; il a peur de se brouiller avec la justice. Il passe pour se connaître en maladies; comment cette réputation s'est-elle établie? On n'en sait trop rien; mais elle s'édifie rapidement et aisément au village; il lui suffit de n'avoir pas tué le patient auquel il a donné ses conseils pour qu'il soit acquis qu'il a renouvelé la résurrection de Lazare. Alors les bonnes femmes lui servent « d'allumeuses », inconsciemment, bien entendu; si un enfant n'est pas tout de suite remis sur pied :

— Ne voyez-vous pas que le docteur vous traîne pour gagner des quarante sous, à n'en pas finir? disent-elles à la mère. Allez donc trouver le père Chose, il en sera quitte tout de suite; vous avez bien vu comme il a guéri la fille à la Potelotte, et ça ne vous coûtera qu'une chopine!

La mère y va et si la nature, autrement puissante que médecins et médicastres, veut bien s'en mêler, le guérisseur comptera un haut fait de plus à son actif.

Sa thérapeutique se compose de médicaments qui nous causent de prodigieux étonnements que nous voulons vous faire partager en vous en donnant au moins quelques échantillons. Auriez-vous jamais soupçonné que les cendres d'une tête de chat noir incinéré n'ont pas leurs pareilles pour la guérison des ulcères, qu'une dose de quatre à douze cloportes, avalée tous les matins, — on est autorisé à les tuer avant de les ingurgiter, — était une panacée infaillible contre les cancers internes; que la corne du sabot d'un âne réduite en poudre fait passer l'épilepsie, qu'une autre poudre fabriquée avec la carcasse d'un crapaud desséché distance la ponction pour réduire l'hydropisie, etc., etc.

Il y a quelques mois, un expérimentateur prétendit avoir découvert un poison des plus violents dans le sang de l'anguille. Or, un guérisseur, que nous voyons quelquefois à l'œuvre, affranchit de l'envie de boire en faisant avaler ce sang d'anguille aux ivrognes. Une brave femme, dont le mari en prenait non seulement plus que de raison, mais à peu près tous les jours, profita d'un moment lucide de l'incorrigible pochard pour le décider à se soumettre à ce remède

héroïque; tous les deux, munis d'une anguille de belle taille, ils se rendirent chez le praticien afin que l'opération se fît dans toutes les règles et que rien n'y manquât. Le soir, en rentrant un peu tard, nous trébuchâmes dans un corps d'homme, étendu en travers de la route assez passante. A notre appel on apporta de la lumière et nous reconnûmes l'opéré du matin avec une stupeur qui devint tout de suite de l'appréhension, car nous venions de nous rappeler l'action toxique attribuée au sang d'anguille. Notre émoi ne dura pas longtemps, car à quatre ou cinq mètres du client, nous apercevions son médecin, également allongé sur le pavé et ivre-mort comme lui.

Ce guérisseur, c'était le bedeau de l'église, parlait de son habileté avec une conviction qui lui valait une certaine originalité. Plusieurs fois nous l'avons entendu déplorer avec quelque amertume de n'avoir pas été appelé auprès du comte de Chambord avant qu'il mourût; le royalisme n'était pour rien dans ses regrets, mais c'était une occasion de faire fortune qu'il était désolé d'avoir perdue :

— Voyez-vous, disait-il, il n'y avait que moi qui connaissais sa maladie, c'était « le bréchet qui lui était chu »; quoique ça soit bien simple, les médecins ne se doutent pas de ce qu'il faut pour le remonter, mais moi je le sais.

Et il fallait voir le clignement d'yeux et la grimace triomphante dont il accompagnait sa déclaration. Notre bedeau conservait même dans l'insuccès un aplomb qui ne devait pas peu contribuer à maintenir son ascendant dans un milieu peu éclairé. Un jour, sachant qu'il avait plusieurs fois visité un petit garçon atteint d'une violente esquinancie, nous lui en demandâmes des nouvelles :

— Comment ça pourrait-il aller mieux? s'écria-t-il avec une humeur difficilement contenue; sa mère lui a bien mis autour du cou l'emplâtre de feuilles de néflier que je lui avais porté, mais il était convenu qu'elle cognerait une pointe dans le montant gauche de sa porte, et au lieu d'un clou caboche qui devait chasser le mal, c'est un clou à crochet que la bête de femme a planté!

Et jamais grand docteur, en voyant ses prescriptions négligées, ne traduisit plus de dignité offensée sur sa physionomie.

Les progrès de l'instruction auront-ils raison du rebouteux, du guérisseur et des panacées? Ils affaibliront leur prestige, sans doute, mais ils ne le détruiront jamais entièrement, car, en dehors des raisons positives que nous avons indiquées, l'esprit du paysan restera toujours assez simple pour résister difficilement à l'attrait du merveilleux.

XIX

Un homme de bien. — Le fanatisme du troupeau. — Le livre d'or du village.

Nous venons de conduire au champ du repos un homme qui, dans son humble condition de berger, avait su conquérir la sympathie et l'estime de tous ceux qui l'ont connu, par sa droiture et sa probité dans une longue et laborieuse existence. Comme il n'avait jamais cherché la gloire ailleurs que dans la bonne condition de son troupeau, son nom vous importe peu; d'ailleurs, dans les agitations qui vous consument, vous en oubliez si aisément d'autres qui avaient légitimement conquis la renommée, que ce n'est vraiment pas la peine de vous le donner. Cependant, je ne renoncerai pas à la pieuse satisfaction de consacrer quelques lignes à la mémoire de cet inconnu qui ne fut rien, qu'un brave homme honorant la blouse qu'il portait.

Pendant cinquante ans, il avait conduit le troupeau de la même ferme, passant du père au fils, mais regrettant quelque peu que celui-ci ne partageât pas la prédilection exclusive que le premier avait manifestée pour le mouton; il se montra, pendant ce demi-siècle, toujours aussi ponctuel, aussi actif, aussi vigilant, aussi absorbé par le souci de la prospérité des animaux dont il avait la garde.

Un seul sentiment fut chez lui à la hauteur de son dévouement, je pourrais presque dire de son fanatisme professionnel, celui du père de famille. Le vieux berger avait eu huit enfants et il les éleva non seulement avec tendresse, mais avec un judicieux discernement. C'était au temps de l'exonération; lorsqu'un de ses fils arrivait au moment du tirage, le père H... s'en allait trouver son maître, lui demandait une avance de deux mille ou deux mille cinq cents francs qui jamais ne lui était refusée; le jeune homme, trouvant un remplaçant, poursuivait le métier qu'on lui avait donné et arrivait à s'établir. Alors le berger et sa courageuse femme, « faisant de l'argent avec leurs dents », comme on dit en Beauce, c'est-à-dire s'imposant privations sur privations et mettant sol sur sol, arrivaient à rembourser la grosse somme empruntée.

Le vieux berger.

Il avait renouvelé trois fois ce tour de force de l'économie rurale, ce qui ne l'avait pas empêché de marier convenablement ses filles et de s'assurer à lui-même un morceau de pain pour ses vieux jours; précaution inutile : ils vinrent, mais le robuste bonhomme ne fléchit pas et continua jusqu'à soixante-dix ans le métier qu'il considérait comme le plus noble de tous.

Il n'est pas, du reste, le premier chez lequel nous observons une véritable passion pour la profession de pasteur de troupeaux; il faut croire que la vie contemplative qu'elle leur impose, le recueillement auquel elle les astreint, peut-être aussi les jouissances de leur domination sur un peuple de quadrupèdes, ont des charmes auxquels ils cèdent sans s'en rendre compte et que nous sommes incapables d'apprécier. En revanche, une longue pratique leur fournit une connaissance physionomique de l'animal, assez curieuse pour nous autres profanes. Pour vous comme pour moi, rien ne distingue trop un mouton d'un autre mouton; choisissez celui que vous voudrez dans un troupeau de cinq cents têtes, montrez-le au berger, faites-le rentrer dans la masse, après l'avoir marqué d'un signe invisible, brouillez les cartes autant que bon vous semblera, au défilé le vieux pâtre reconnaîtra infailliblement la bête marquée et ne s'y trompera jamais.

Sans admettre la réalité des exagérations du célèbre roman du plus puissant de nos écrivains, nous n'avons jamais dissimulé les travers et les vices de nos populations rurales; nous avons reconnu, avec tristesse, les progrès que le désordre moral, conséquence de l'alcoolisme, faisaient chez elles. Cependant, si vous allez plus loin que les surfaces, si vous ne vous arrêtez pas à ceux des villageois dont l'existence bruyante et tapageuse attire l'attention, soyez certains que vous ne manquerez pas de découvrir dans ces populations des hommes restés probes, sobres, vaillants au travail, économes pendant une longue existence, et que vous les trouverez autrement nombreux que ceux qui, pour une cause ou pour une autre, auront faibli ou choppé sur la route. C'est surtout pour ceux-là que nous souhaiterions que l'on fît pour chacun de nos villages ce que Joigneaux a fait pour le sien en Bourgogne, nous voudrions qu'on en écrivît l'histoire et qu'on la donnât à lire aux enfants de l'école. Ce serait à la fois la chronique du passé de ce petit coin de la patrie et le Livre d'or des humbles mais glorieux travailleurs, de tous les gens de bien dont le

souvenir devrait s'éterniser au moins chez leurs compatriotes. Peut-
être le témoignage de la considération publique, à laquelle peut atteindre un simple remueur de terre, un modeste serviteur comme
notre vieux berger, pourrait-il inspirer à la jeunesse la résolution de
les prendre pour modèles.

XX

S'ils se ralliaient aux doctrines des internationalistes, il nous semble que les animaux seraient assez excusables. Ne possédant, au moins en apparence, que des appétits matériels, ils devraient être parfaitement indifférents au choix du pays qui leur donnera satisfaction : tributaires quand ils ne sont pas asservis, sans cesse troublés et menacés par l'homme, ils seraient logiques en ne manifestant jamais de préférence pour tel coin de terre, plutôt que pour tel autre. Cependant il n'en est pas ainsi ; en observant les bêtes, on s'aperçoit qu'elles sont accessibles au sentiment de la patrie, qu'elles témoignent d'une certaine prédilection pour le bois, pour la plaine où elles sont nées, où elles ont grandi, qui furent témoins de leurs amours, et ils l'affirment en cherchant toujours à les retrouver.

On sait avec quelle régularité les hirondelles reviennent au village, au toit à l'abri duquel elles ont déjà élevé une famille ; leurs longues pérégrinations, la succession de climats, de paysages si différents de leur station estivale, n'en a pas même altéré le souvenir. A peine débarquées, les émigrantes piquent droit sur la cheminée, sur le pan de mur, sur la solive où fut attaché le berceau de leur famille ; si elles n'en retrouvent que des débris, elles tiennent à rentrer en possession de leur emplacement et se battent avec acharnement contre l'usurpateur qui tente de le leur disputer. Cet instinct du domicile est encore

autrement accentué chez le pigeon. Il ne faut pas croire que seul
revient au colombier le voyageur qui y laisse une compagne et des
petits; cet attachement à la demeure natale, disons, si vous voulez,
ce patriotisme, est déjà très nettement accusé chez les plus jeunes
pigeons; transportés dans un autre pigeonnier et laissés en liberté, ils
reviendront presque à coup sûr à celui où ils sont nés.

Les quadrupèdes eux-mêmes n'acceptent pas toujours l'exil lorsque
l'homme le leur impose. Il y a une trentaine d'années, M. de la Rue,
inspecteur des forêts, ayant à préparer une chasse pour le prince Napoléon, fit panneauter dans la forêt de Villefermoys deux ou trois
cents lapins qui furent transportés dans les bois où devait avoir lieu
le visé et lâchés la veille de la chasse. Le lendemain, quand les
chasseurs se présentèrent, la plus grande partie de ces émigrés
malgré eux avait déguerpi et était retournée aux bois où ils avaient
été capturés; ce fut tout juste si le prince et ses invités en tuèrent
une douzaine. Évidemment leur fuite n'avait pas été inspirée par
la prescience du dénouement que devait avoir le petit voyage qu'ils
venaient d'effectuer, mais uniquement par l'amour du terrier familial, par le regret des taillis ombreux, des bruyères au milieu desquelles s'était écoulée leur enfance.

Nous venons d'avoir sous les yeux un autre exemple de cette
puissance d'attraction du milieu où l'on est né, exemple donné par
un être plus important que le lapin. Cet été, deux chevreuils s'é-
taient évadés de la forêt de Marly, probablement par quelque brèche
du mur dont elle est entourée. Ils cantonnèrent dans la plaine dont les
blés leur ménageaient le vivre et le couvert, comme au rat son fromage. Leur présence ne tarda pas à être signalée par les cultivateurs
et, naturellement, elle mit en ébullition les cervelles de tous les Nem-
rods à deux lieues à la ronde. Un des animaux, un jeune brocard, disparut. La brèche, comme de juste, ayant été réparée et les trois ou
quatre portes de Marly qui restent ouvertes pendant la nuit ayant pour
avant-garde une double rangée des maisons du village, il est fort
douteux qu'il ait réussi à rentrer au foyer. Plus probablement, tué
par quelque braconnier, il est allé grossir les petits bénéfices de ces

marchands de volailles, déclarant à qui veut les écouter que le gouvernement n'est pas de « taille » à les empêcher de vendre du gibier en temps prohibé.

Une grosse chevrette restait seule, mais il n'y avait pas moins d'une quarantaine d'escopettes pour la menacer le matin de l'ouverture, toutes également travaillées par la fièvre que leur donnait l'espoir de conquérir un aussi gros morceau. Mais c'est surtout à la chasse que la fièvre n'est pas de mise. Le premier qui aperçut la pauvre chevrette ne pensa qu'à empêcher un de ses collègues de lui ravir cette aubaine, il la tira à une centaine de mètres; l'animal détala, salué par un feu de deux rangs, qui ne fit que lui prêter des ailes, quitta le territoire inhospitalier et se réfugia dans une chasse gardée où personne ne mettait le pied ce jour-là.

Tenu au courant de ces péripéties, j'éprouvai une vive satisfaction de savoir la chevrette encore en vie. Non par une jalousie de crocodile, croyez-le bien ; mais la mort d'une chevrette m'est toujours pénible, même lorsque j'en bénéficie, et les périls auxquels celle-là avait échappé m'avaient vivement intéressé à elle. La chevrette se

Deux chevreuils s'étaient évadés.

Inquiétude.

trouvait alors à trois kilomètres environ des bois d'Arcy, bois appartenant à l'État, mais non clos, qui couronnent les collines faisant face
à celles de Marly. Je me figurais que, la nuit venue, la proscrite
ne manquerait pas de gagner ces bois, qui se dressaient devant
elle, dont nul obstacle sérieux ne la séparait, et où elle serait, au
moins momentanément, en sûreté.

Je me trompais; ces couverts inconnus ne l'avaient point tentée;
c'était à sa forêt de Marly seule que la pauvre entendait revenir. Pour
asile, elle voulait les futaies de Sainte-Gemme, parquées de ronces
aux pousses savoureuses, les hautes fougères du désert de Retz, où la
sieste est si douce, et elle allait s'acharner à retrouver tout cela.

Il existe au-dessus du hameau de la Tuilerie un vieil aqueduc
par lequel les eaux des fonds de Saint-Nom s'écoulent de la forêt
dans la plaine. Cet aqueduc, une double grille le ferme pour s'opposer à la fuite du gibier de l'enceinte et aussi, hélas! pour lui
en interdire la rentrée. Ce fut à cet aqueduc que revint la chevrette ;
elle s'acharnait sans succès à se frayer un passage entre les inexora-
bles barreaux et ce fut là qu'elle fut tuée. On pouvait juger par les
piétinements anciens, dont le sol boueux avait conservé les em-
preintes, que cette tentative, le pauvre animal l'avait maintes fois
renouvelée, pour regagner la terre d'élection, la patrie.

XXI

Les revers des beaux coups de fusil. — Les remords que peut laisser la mort d'un oisillon.
La pantomime du torcol. — Coup de fusil superbe.

Tout n'est pas joies dans les plaisirs de la chasse, comme le prétend la chanson ; nous avons raconté l'im-
pression extrêmement pénible que la mort
d'un chevreuil a quelquefois produite sur
nos nerfs ; je crois que cette impression
presque cruelle peut se produire sans la
mise en scène de l'un de ces petits drames
forestiers, sans les lamentables brame-

Torcol verticelle.

ments de la victime, l'expression éplorée de ses prunelles de velours
larmoyantes, tous ces reproches muets auxquels on ne résiste pas
toujours : on peut l'éprouver uniquement lorsqu'on a conscience d'a-
voir commis un meurtre inutile et bête, non plus sur un grand quadrupède, mais sur un simple oisillon. Cette conviction est la mienne,
parce que cette sensation désagréable, je l'ai ressentie dans ces dernières conditions à une époque où j'étais fort peu disposé à m'attendrir, et surtout parce que le souvenir de cette scène est demeuré singulièrement vivace dans mon cerveau.

Il y a de cela bien des années, car, s'il m'en souvient, mon existence
en comptait dix-huit tout au plus ; je revenais de la chasse, qui était
déjà mon occupation quotidienne, lorsque dans un chemin bordé d'un
côté par une haie, de l'autre par une pente couverte d'ajoncs et de

bruyères, j'aperçus un oiseau perché sur une branche d'aubépine s'avançant sur le sentier.

Cet oiseau, je n'en connaissais pas l'espèce. Il était un peu plus gros qu'une alouette ordinaire; son plumage était gris cendré sur le dos, avec des ondulations plus foncées, le ventre était blanc, ponctué çà et là de taches brunâtres; je n'étais pas alors assez curieux d'histoire naturelle pour attacher une grande importance à sa li-

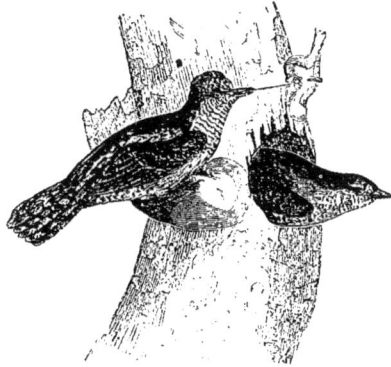

Les torcols.

vrée; en revanche, l'étrange mimique de l'oiseau solitaire excita vivement ma surprise. Sa tête tournait et virait sans relâche, tantôt de droite à gauche et tantôt de gauche à droite, d'un mouvement lent, mais continu, faisant miroiter aux rayons du soleil couchant les lignes fauves qui traversaient sa gorge, lui faisant une sorte de collier; il m'avait certainement vu venir dans sa direction, car lorsque son bec revenait de mon côté, il fixait ses yeux sur moi, pendant une seconde ou deux, avant de reprendre ses étranges oscillations. J'étais dans l'âge où, dès qu'on a dans les mains un fusil, on tient un être vivant pour un ennemi à massacrer; la pantomime de l'oiseau inconnu m'avait, du reste, quelque peu intrigué. Je l'ajustai, je fis feu, il tomba.

Lorsque je m'avançai pour le ramasser, le pauvre oiseau étendu dans la poussière n'était pas mort, mais à ma grande stupéfaction il continuait, quoique grièvement blessé, les évolutions, qui, en attirant mon attention, avaient été pour quelque chose dans sa triste fin. Son cou s'allongeait dans un mouvement serpentin, sa petite tête se retournait tantôt d'un côté, tantôt de l'autre; mais ses yeux d'un brun jaunâtre, humides et déjà ternes, me cherchaient à chacune de ces contorsions et, la tête restant immobile un instant, ils se fixaient sur moi dans une expression douloureuse. Je le relevai, le pris dans la main, j'essuyai avec mon mouchoir les taches de sang qui souillaient son plumage. Un spasme courut sur son corps, sans que le cou cessât de se tordre. J'éprouvai une sensation pour moi nouvelle : j'avais plus d'une fois déjà abrégé les souffrances de mes victimes en leur brisant la tête sur le talon de mon soulier, mais l'idée d'achever celle-là ne me venait pas, la pitié avait commencé à s'infiltrer dans mon cœur; il me semblait que, par ses étranges contorsions, l'oiseau avait fait appel à ma compassion, et ce n'était plus sans trouble que mon regard rencontrait celui du misérable petit être que je venais si sottement de rayer du nombre des vivants; j'aurais voulu le ressusciter et j'étais atterré par le sentiment de mon impuissance. Un moment après ses ailes ébauchèrent un frisson, ses pattes se raidirent, son bec s'ouvrit dans une dernière convulsion : il était mort.

Je montrai ma victime à un vieux berger qui gardait des moutons de l'autre côté de la haie; il la connaissait et me donna son nom local de « torticoli », en ajoutant que cet oiseau ne faisait aucun mal et rendait au contraire de grands services, en raison du nombre considérable de fourmis qu'il détruisait. Si peu ferré que je fusse en histoire naturelle, ce surnom et le genre de nourriture qui lui était attribué me firent reconnaître dans mon butin le torcol verticillé, qu'avec un peu plus de réflexion j'aurais dû deviner à la mimique bizarre qui m'avait tant étonné.

Je n'en restai pas plus fier, au contraire; la certitude d'avoir détruit un oiseau utile et complètement inoffensif accentua encore la sensation particulière, l'espèce de remords auquel j'étais en proie depuis que j'avais relevé le torcol. Sans être alors un jeune Robin Hood, j'avais déjà fait passer un petit nombre d'êtres vivants de vie à trépas, et, je dois l'avouer, j'avais vu leur agonie et leur mort avec une assez grande indifférence. Au contraire, lorsqu'il m'est arrivé de perdre quelques-uns des animaux et même de simples oiseaux dont, depuis mon enfance, j'avais aimé à m'entourer, je m'étais toujours trouvé vivement et profondément impressionné. Ma douleur allait quelquefois jusqu'aux larmes. Aussi je ne m'expliquais pas

du tout comment le meurtre d'un oisillon dont, quelques minutes
auparavant le nom lui-même m'était inconnu, pouvait s'accompagner des sensations cruelles avec lesquelles j'avais vu disparaître
de véritables amis. Que voulez-vous? Le cœur a ses caprices et, à
de certaines heures, la compassion n'a pas besoin de raisons sérieuses pour s'y infiltrer! Toujours est-il que, depuis lors, j'ai quelquefois rencontré des torcols et que jamais l'idée ne m'est venue
de troubler leur pantomime par mon coup de fusil.

XXII

A un moment où la commisération pour les humbles et la clémence pour les petits est à l'ordre du jour, ne devrions-nous pas commencer par nous montrer pleins de miséricorde pour celles des bêtes qui rentrent dans ces deux catégories? ce serait peut-être le moyen le plus sûr d'arriver à appliquer ces deux sentiments à nos semblables. L'homme est, je le crains, le seul être qui tue pour tuer, sans profit, uniquement parce qu'il y trouve une sorte de jouissance quand il n'agit pas par désœuvrement. Ceux des animaux que nous taxons de la férocité la plus cruelle ne font le plus souvent que se conformer aux suggestions de leur appétit. Une panthère, déchirant de ses ongles la gazelle qu'elle vient de surprendre, plongeant son mufle dans le sang jaillissant de ses chairs pantelantes, ne nous semble pas plus dépravée qu'une jeune et jolie femme qui, lorsqu'on lui offre du gigot, prend sa voix la plus flûtée pour réclamer le morceau le plus rouge, avec la condition qu'un soupçon de jus, c'est-à-dire de sang, l'accompagne. Tout cela est dans l'ordre de la nature et nous ne voyons pas qu'il y ait là plus prétexte à indignation contre la belle dame que contre le félin.

Nous avons assez souvent pris à partie les disciples de saint Hubert

qui tuent sottement un oiseau inoffensif, utile quelquefois, qui mort
ne peut servir à rien. Ceux-là ont assez ordinairement pour excuse,
d'abord leur jeunesse, et puis le plaisir de jouer le rôle de Jupiter
tonnant. Quelle circonstance atténuante invoquer quand, la victime
n'étant pas moins intéressante, on ne peut alléguer ni le désir de
faire parade de son adresse, ni l'entraînement, ni l'exemple? Tuer
dans de pareilles conditions est un de ces actes de férocité gratuite
dont nous vous parlions tout à l'heure; les objectifs sont assez nombreux, mais notre lézard des murailles est peut-être celui contre lequel elle s'exerce le plus fréquemment. Le lézard gris n'a contre lui
que sa qualité de reptile et le peu d'importance que nous attachons
à un animal d'une taille aussi minuscule; préjugé absurde aussi
bien quand il s'adresse à une bête que s'il devait s'appliquer à nos
semblables.

On est d'autant moins fondé à le proscrire à cause de sa petitesse
qu'elle est l'élément de sa grâce, une des causes de sa vivacité charmante. Un gros lézard rentre dans la catégorie des monstres, qui ont
les caïmans pour chefs de file. Notre lézard gris s'isole de leur groupe
autant par l'agilité de ses mouvements, l'élégance de ses formes, que
par l'innocence de ses mœurs.

Cet ermite des vieux murs est la distraction du campagnard
solitaire : lorsque, sorti de l'étroite crevasse qui est sa maison, il se
glisse sur les pierres effritées auxquelles l'espalier prête un manteau
de verdure, l'œil se complaît à le suivre dans ses capricieuses excursions autour de son étroit domaine. Il ne semble pas redouter la
présence du curieux. Pourquoi verrait-il en lui un ennemi? Une
simple bête ne saurait avoir la prescience des idées bizarres qui
peuvent traverser une cervelle raisonnante. Il va, il vient, tantôt d'une
course précipitée sur cette surface perpendiculaire, tantôt par les
courts trajets du promeneur. S'il rencontre une éclaircie par laquelle
le soleil arrive directement à la muraille, il s'y arrête et, dans une
immobilité presque complète, il en savoure les rayons brûlants avec
un sentiment de volupté que traduisent les spasmes de sa gorge et
les molles ondulations de sa queue, redressant sa tête cendrée et

fixant sur le spectateur ses petits yeux noirs avec une certaine expression de tendresse.

Cette station, il la prolonge quelquefois pendant des heures, et elle
a suffi pour qu'on en fît le type de la paresse. Si le lézard est paresseux,
c'est à la façon du héron condamné comme lui au rude labeur de
l'affût. Dans ce poste très judicieusement choisi, le petit reptile attend
les moucherolles, les fourmis que sa langue alerte arrêtera dans leur
course avec une adresse rarement en défaut. D'ailleurs, il est si doux,
ce péché de flânerie inconsciente à cette heure de midi où les plantes
elles-mêmes semblent fati- guées d'avoir à porter
leurs feuilles et leurs fleurs, que nous n'en ferions
pas un crime au lézard. Nous lui envierions bien plutôt le privilège de som-
meiller paisiblement
dans un trou pendant

Le lézard gris ou lézard
des murailles.

la saison maudite, où son ami le soleil nous délaisse et nous abandonne.
Pourquoi tuer cet innocent par-dessus
tous les innocents? Nous renonçons volontiers à ramener à la justice un certain
nombre de bipèdes ayant âge de raison, mais qui, néanmoins, ne sauraient voir un lézard courir sur un mur,
sans lui lancer une pierre ou essayer de l'atteindre avec
un bâton. Il n'y a point de fanatisme plus réfractaire à la
persuasion que la sottise.

Nous espérons être plus heureux avec les enfants, dont les jeux
ont si souvent les lézards pour victimes, et c'est à eux que nous nous
adressons, pour leur recommander la pitié envers cette pauvre créature, bien petite, bien faible, si complètement dépourvue de défense.
Qu'ils réfléchissent qu'ils seraient eux-mêmes fort à plaindre si la
force était un droit d'oppression. Leurs intentions sont pures, nous
le savons : s'ils veulent s'emparer du lézard, c'est pour le mettre
dans une belle boîte et l'y gorger de mouches et de vermisseaux.
Qu'ils sachent donc que le joli petit reptile qu'ils convoitent est sin-

gulièrement fragile; neuf fois sur dix, la queue du lézard se brisera dans la petite main qui essayera de le saisir, et la conquête se résumera en un remords. Qu'ils se disent que la nature, si elle lui a donné un corps si délicat, a probablement voulu lui mieux assurer la liberté, le plus sacré de tous les biens.

XXIII

Les hirondelles ne sont pas seules à choisir, pour trouver les joies de la maternité, l'endroit précis où les unes sont nées, où d'autres ont fait éclore des petits une première fois; d'autres oiseaux migrateurs se montrent également fidèles aux anciens berceaux. C'est ainsi que depuis huit ans un couple de tourterelles ne manque jamais de venir élever une ou deux couvées dans un assez grand pin dominant les massifs de mon jardinet. Ce sont de vieilles connaissances dont je salue toujours le retour avec une grande joie, d'abord parce qu'il annonce le printemps et aussi parce qu'elles ne contribuent pas médiocrement à animer mon petit coin. Aussitôt que leurs roucoulements se sont fait entendre, je me hâte de faire garnir le tronc du sapin d'un fort paquet d'épines, obstacle suffisant à l'escalade des déprédateurs terrestres. C'est le seul service que je leur rende, le seul témoignage de protection que je leur donne. Mes tourterelles en ont-elles conscience? J'en doute fort; mais la régularité de leur visite annuelle prouve au moins qu'elles apprécient la parfaite sécurité dont elles ou leurs ascendants auront joui.

Les Grecs se sont généralement montrés des observateurs très sagaces dans les rôles qu'ils ont assignés aux animaux dans leur mythologie, et c'est très judicieusement qu'ils ont choisi, pour la consacrer à Vénus, la tourterelle, l'oiseau qui marchande le moins

les manifestations extérieures de ses tendresses. D'aussi fidèles au
compagnon que le sort ou l'amour lui ont attribué, en cherchant un

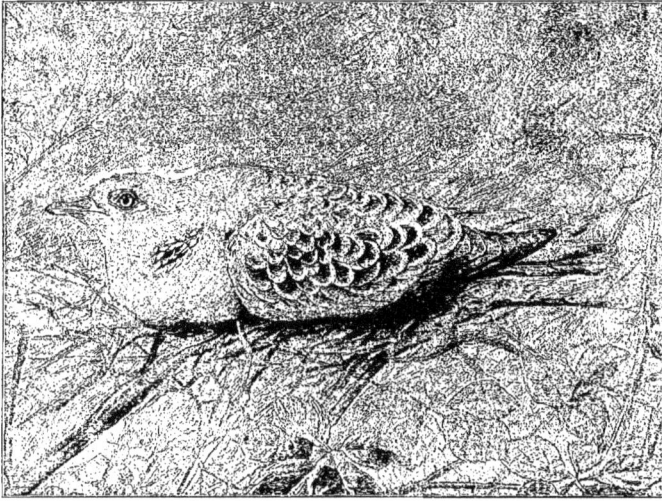

Le nid de la tourterelle.

peu, on en rencontrerait peut-être parmi les autres oiseaux; on n'en
trouverait guère dont les démonstrations d'amitié soient plus multipliées et également plus gracieuses, plus agréables à contempler.
Sans affecter le luxe des couleurs éclatantes, le plumage gris de la
tourterelle avec ses oppositions de noir, de blanc et de roux l'habille
modestement, mais d'une façon singulièrement agréable; ce plumage
est encore relevé par la sveltesse et l'élégance de sa conformation, les
grâces de sa démarche, comme de son vol.

Arrivées chez nous avant la fin d'avril et probablement déjà accou-
plées, les tourterelles ne tardent guère à construire leur nid. Ce nid
plat, toujours placé dans les branches moyennes de l'arbre qu'elles
ont choisi ou sur quelque gaulis, se compose de bûchettes et de brindilles de rameaux et de bruyère; il est assez grossier, et l'on voit facilement les œufs sous la femelle qui les couve. Une année où l'on
procédait aux premiers entreillagements dans la forêt de Saint-Ger-

main, un garde trouva et apporta, à M. l'inspecteur Recopé, un nid
de tourterelles entièrement formé avec des débris et des découpures
de fils de fer ramassés par ces oiseaux. Le nid a figuré dans le pavillon des Forêts, à l'Exposition de 1889.

Le nombre des œufs est de deux, que le mâle et la femelle couvent
alternativement, mais ils font ordinairement deux couvées et, dans
certaines années chaudes, ils vont jusqu'à trois. Ils nourrissent leurs
petits comme les pigeons, en leur dégorgeant les grains de leur gésier
dans le bec. Ceux-ci sont en état de pourvoir à leur nourriture au
bout de quelques semaines et la femelle procède à une nouvelle
ponte.

En raison de leur fécondité, les tourterelles pourraient être beaucoup plus multipliées qu'elles ne le sont; mais on en détruit un grand
nombre dans la région méridionale qu'elles traversent pour regagner
leurs lieux d'hivernage, le nord-est et le nord-ouest de l'Asie. Les chasseurs de nos contrées en tirent quelques-unes qu'ils trouvent picorant
dans les champs; mais ces oiseaux se gardent bien, ont l'essor et le
vol rapides, en sorte que la destruction serait insignifiante si les pan-
tières, les filets du Sud, ne lui assuraient pas un fort appoint.

La tourterelle sauvage s'élève et s'apprivoise facilement. Boehm
affirme que sa beauté, la douceur de ses mœurs et de son roucoulement
doivent la placer au premier rang des oiseaux que l'on entretient en
captivité. Le roucoulement susdit est effectivement des plus doux;
seulement, il se répète un peu trop. Charmant quand il retentit dans
la solitude des bois, il devient quelque peu fastidieux par la monotonie quand il revient sans trêve.

Dans la vie sauvage, au contraire, les tourterelles figurent les plus
agréables de tous les hôtes; elles se montrent plus volontiers que les
pigeons ramiers et leurs mouvements contribuent puissamment à
animer les solitudes. Quant au chant dont nous venons de parler, ta-
misé par le couvert, il arrive aux oreilles à l'état de caresse.

Enfin ces oiseaux représentant l'idéal de la vie conjugale nous
offrent de bons exemples à imiter; ils se montrent admirables dans
l'exercice de leurs fonctions paternelles. Quelques chasseurs, curieux

de surenchérir sur les vertus des colombes, ont prétendu que, séparé de sa compagne, le mâle ne tardait jamais beaucoup à mourir; en dépit des suggestions de l'esprit de corps, je suis forcé de répudier cette légende honorable pour notre sexe; admettons qu'il la pleure décemment, c'est tout ce qu'on est en droit d'exiger d'une simple bête.

XXIV

Le glanage. — Histoire d'une glaneuse et de son petit garçon.

Le glanage est un des corollaires de l'institution de la propriété; plus ancien que la légende de Ruth et de Booz, il doit dater du jour de la première récolte. L'inégalité de l'esprit d'industrie fut le point de départ de l'inégalité des conditions. Sans doute, la terre ne manquait à personne; mais tous ne se résignaient pas à l'arroser de leurs sueurs pour en recevoir un tribut. Celui qui, soit par paresse soit par négligence, n'ayant pas eu l'idée de faire sien un coin du sol en l'ensemençant, se trouva réduit à ramasser les épis échappés à la cueillette du laboureur, ne fut qu'un imprévoyant. Plus tard, chaque coin de terre ayant trouvé un maître, une partie de l'espèce humaine se trouva déshéritée de cette possession, devenue le caractère essentiel de la richesse; la pauvreté ainsi consacrée eut la ressource du glanage pour obtenir de la tolérance des privilégiés une faible parcelle des fruits de notre mère commune.

Disons tout de suite que dans le passé cette tolérance s'était toujours largement exercée; sans prétendre que l'exemple de Booz ait fait beaucoup de prosélytes, qu'il se trouvât nombre de cultivateurs pour recommander à leurs ouvriers de laisser des épis se détacher, des gerbes même dans le cas où la glaneuse était jeune et jolie, il est incontestable que l'immense majorité d'entre eux encourageait, beaucoup plus qu'elle ne gênait, le glanage.

Son beau temps date de notre enfance. Que de fois nous avons suivi la petite troupe de femmes et d'enfants dans le champ dépouillé, nous courbant comme eux pour ramasser les épis laissés dans le sillon, bien fier, bien heureux lorsque, en ayant réuni un bouquet, gros pour notre main d'alors, nous allions en grossir le butin, tantôt de la plus petite et tantôt de la plus pauvre! Ils étaient partis dès l'aube, chaque mère de famille escortée de son troupeau d'enfants; elle emportait du pain, quelquefois un peu de fromage, pour le repas du midi; le bissac était déposé dans un coin du champ, qui devenait le point de ralliement, où chacun apportait sa trouvaille, et la besogne commençait en s'éparpillant.

Le glanage.

Les glaneuses marchent à pas lents, croisant et recroisant leurs voies comme les chiens dans leur quête; les yeux, fixés sur la terre, fouillent les sillons, scrutent les chaumes, recueillant toutes les épaves qu'ils recèlent; les épis brisés et séparés de leur tige sont placés dans le tablier relevé : ceux qui ont conservé leur paille se réunissent en une botte de la grosseur du bras et qui prend le nom de « glane ». Quand les glanes sont assez nombreuses pour embarrasser la glaneuse, elle s'en décharge et revient se mettre à l'œuvre. Poursuivie pendant une douzaine d'heures, sans autre trêve qu'un repas succinct pris par la petite famille sur le revers de quelque fossé, elle est très laborieuse, très dure même pour les adultes et les grands.

Le soir, la mère se courbe sous le fagot des glanes; les enfants tiennent à honneur d'en emporter quelques-unes, heureux si la cueillette a été bonne, tristes et découragés si la charge est trop légère.

C'est que le glanage a son importance pour un pauvre ménage. Dans les temps lointains dont je parle, une famille active et courageuse arrivait à réunir de deux à trois hectolitres de grain, quelquefois mieux, si les moissonneurs n'avaient pas ratissé de trop près, c'est-à-dire le pain de cinq à six semaines.

Le glanage d'aujourd'hui est moins brillant. La main du laboureur s'ouvre moins largement que par le passé : le progrès lui a fourni les moyens de ne rien perdre, et il en use; il entend ne pas négliger les plus petits profits. Beaucoup de cultivateurs font passer le râteau à cheval avant le complet enlèvement des « dizeaux » qui doit ouvrir le glanage, et cet outil impitoyable rogne singulièrement la part du pauvre, car il ne laisse guère derrière lui que les épis rompus près du chaume. Quelques fanatiques d'économie applaudiront à la suppression du glanage, qu'ils taxent d'encouragement à la fainéantise, comme si les femmes et les enfants, au village, trouvaient aisément un emploi quelconque de leurs bras! La loi a été à la fois plus avisée et plus humaine en interdisant au maître ou fermier de l'emblave d'y introduire ses moutons avant un délai de quarante-huit heures réservé au glanage.

Cette disposition légale n'arrête pas tous ceux auxquels elle s'adresse; il se rencontre des gaillards ingénieux, mais encore plus cupides, pour donner un croc-en-jambe au règlement et se soustraire à l'aumône de l'épi tombé. Il y a bien des années, un très riche fermier du pays où nous habitons professait hautement l'horreur du glanage; il le tenait pour un vol injustement toléré :

— Le brin de blé que ces mendiants ramassent, disait-il, est à moi aussi bien que les gerbes; on n'a pas le droit de m'en dépouiller si je n'y consens pas!...

L'application de ce principe l'ayant plusieurs fois fait condamner par le juge de paix, il s'attacha à rendre l'invasion détestée illusoire. Sa ferme étant divisée en un grand nombre de parcelles, il laissait dans chacune d'elles soit un dizeau, — tas de dix gerbes, — soit une moyette; cela suffisait pour interdire l'accès du champ; lorsque le reste de la récolte était engrangé, ses charrettes enlevaient

toutes ces sentinelles en une seule journée; le glanage devenait autorisé pour le lendemain et le surlendemain; mais comme il devait
s'exercer simultanément sur une surface de 350 hectares, le butin

Les charrettes enlevaient le tout
en une seule journée.

des glaneuses était
maigre, et le troupeau
du fermier, en pre-
nant possession à
l'heure réglementaire, le trouvait encore richement pourvu.

Nous n'avons pas besoin de dire que l'expédient avait provoqué
une vive exaspération parmi les intéressées. La fraction féminine
des populations rurales entre aisément en effervescence; ses fureurs
sont peut-être aussi redoutables que celles des hommes, étant plus

spontanées; elles sont à coup sûr infiniment plus bruyantes. Le fermier ne pouvait plus se montrer dans le village, sans être assailli
d'injures accentuées de quelques menaces; mais il avait un tempérament batailleur qui lui faisait trouver un certain charme à braver
l'irritation des commères. Un jour qu'il passait en cabriolet sur la
route, il en était descendu pour jouir de la déconvenue d'une petite
bande de glaneuses que l'invasion du troupeau venait de surprendre
en plein travail. Tout en écoutant leurs clameurs, il avait allumé sa
pipe, et, soit hasard, soit malice, l'allumette qu'il avait jetée était
allée tomber sur un beau fagot de glanes qui se trouvait sur le revers du fossé; les chaumes s'embrasèrent : en un instant la flamme
tourbillonnante eut dévoré jusqu'aux épis.

Toutes les femmes étaient accourues avec la propriétaire des glanes
incendiées. C'était une vieille femme que l'on appelait la Pierrotte;
très pauvre, elle élevait les trois enfants de sa fille morte, dont l'aîné
avait sept ans. Devant le désastre, une seconde elle resta atterrée;
puis, les larmes débordant sur ses joues ridées, elle éclata en lamen-
tations désespérées. — Pleurer se dit « crier », dans l'argot rustique.
— Ses compagnes surenchérissaient sur les invectives dont elle apos-
trophait le fermier; chacune montant d'un demi-ton au moins sur
le diapason dominant, c'était un concert de piaillements dont ceux
qui ont assisté à quelque scène semblable peuvent seuls avoir une
idée. Quoiqu'il se fût mis en retraite du côté de sa voiture, l'homme
faisait bonne contenance et conservait son attitude gouailleuse, leur
répondant par des quolibets. L'une des femmes lui ayant reproché
d'ôter le pain de la bouche des pauvres orphelins :

— Dame! s'écria-t-il avec un gros rire, pourquoi la Pierrotte n'a-
t-elle pas mis ses glanes aux garanties, comme je le fais pour mes
meules!

Cet inepte sarcasme changea la colère des glaneuses en exaspération; elles s'élancèrent comme des furies : le fermier dut faire le mou-
linet avec le manche de son fouet. Il sauta d'un bond dans sa voiture;
mais, en ce moment, le petit garçon de la Pierrotte, qui s'était avancé
au premier rang, lui lança une pierre qui l'atteignit à la joue. Fu-

rieux, le fermier sangla le visage de l'enfant d'un coup de son fouet, et, poussant son cheval, il partit au galop, poursuivi par les imprécations des malheureuses.

Au milieu de la nuit suivante, on sonna le tocsin. Trois meules de blé, que le fermier venait de dresser à quelque distance du village, flambaient comme trois beaux feux de joie, et ces meules, il n'avait pas eu le temps d'en réaliser l'assurance. Furieux, le fermier accusa la Pierrotte d'avoir allumé cet incendie, pour se venger de ce qui était arrivé le matin. Heureusement pour la pauvre vieille, au moment où elle rentrait, on était venu la chercher pour veiller la femme du maire qui venait d'accoucher; elle y avait passé la nuit : l'alibi n'était pas discutable. Les investigations de la justice furent inutiles; jamais on ne découvrit l'incendiaire. Quelques années plus tard, le petit-fils de la Pierrotte, alors sergent dans l'infanterie de marine, s'étant bravement fait tuer au Tonkin, en me rappelant que, lorsqu'il était enfant, j'avais été bien des fois frappé par la profondeur du regard et l'énergique physionomie du petit paysan, je me demandai si l'indignation n'aurait pas pu lui inspirer, avant l'âge, la résolution de ne pas laisser impunie l'action bête et lâche dont il avait été la victime.

XXIV

Le cobaye ou cochon d'Inde nous vient de l'Amérique du Sud, Brésil et Paraguay. Cependant un seul voyageur prétend l'avoir rencontré à l'état sauvage dans la première de ces deux contrées; d'autres affirment qu'il n'y existe pas. Aussi les naturalistes anglais l'ont-ils fait descendre de l'aperea, un autre mammifère de l'ordre des rongeurs, encore assez multiplié au Paraguay. Diverses objections ont été opposées à cette opinion : d'abord, d'assez notables différences de forme : l'aperea est beaucoup plus haut sur pattes que le cochon d'Inde, son pelage est formé de poils droits, raides, luisants et couchés, d'une couleur brune à pointes jaunâtres et d'une seule couleur, tandis que cette couleur varie beaucoup chez les cobayes; l'aperea ne produit qu'un ou deux petits, tandis que l'autre va quelquefois jusqu'à la dizaine; enfin, et ceci me paraît être l'argument le plus sérieux des opposants à l'unité des souches, on a vainement tenté de croiser entre elles les deux espèces. L'origine du cochon d'Inde reste donc assez nébuleuse; ce que l'on sait le mieux, c'est qu'il a été introduit en Europe vers le milieu du dix-septième siècle, probablement par les Hollandais.

Au point de vue positif, la conquête du cochon d'Inde pouvait sembler mince. Sa peau est sans valeur; sa chair fade et insipide ne pouvait être un régal que pour les nombreux serpents de sa patrie; il n'avait pour lui que sa fécondité excessive. Apte à reproduire dès l'âge de six semaines, la femelle donne de six à dix petits, qu'elle n'allaite guère plus de quinze jours, après lesquels elle se met en mesure de renouveler son œuvre de maternité. Cette faculté d'incessante fabrication d'éléments nutritifs décida quelques paysans à en entreprendre l'élevage, mais comme le cobaye a un cours assez restreint sur les marchés, ils lui préfèrent le lapin, qui fait une autre figure dans la casserole. En revanche, par sa douceur, la propreté de sa tenue, l'incontestable gentillesse de sa petite personne, le cobaye a, parmi les enfants, une clientèle assez passionnée. Bien qu'il soit surtout sensible à la générosité avec laquelle on le nourrit, il s'apprivoise fort aisément, devient familier avec son jeune maître; si sa reconnaissance va rarement jusqu'à l'attachement, elle en a cependant quelques caractères; peut-on raisonnablement demander davantage à une simple bête?

Le cochon d'Inde a nécessairement figuré dans le pupitre d'écolier que, dans mon enfance, j'avais transformé en arche de Noé. Il n'était guère plus gros qu'une forte souris lorsque je l'achetai d'un externe; mais, comme j'étais déjà affligé de la prodigalité qui devait si cruellement peser sur mon existence, la munificence avec laquelle je le nourrissais, l'appoint qu'il y fournissait lui-même en rongeant les livres qui meublaient son domicile, l'amenèrent rapidement à une rotondité honorable. Je l'avais nommé Sancho et, je puis le dire à la gloire de ses mânes, il avait autant d'amis que je comptais de camarades; il faisait l'admiration de la classe entière et, lorsque, soulevant le couvercle du pupitre sur ma tête, je donnais quelque morceau de biscuit à mon prisonnier, c'était à qui se pencherait davantage pour apercevoir Sancho assis sur sa base et grignotant la friandise qu'il tenait entre ses pattes de devant. Je passe sur les gentillesses dont sa parfaite familiarité était prodigue.

Bien que les cobayes ne boivent pas, il en est par la suite tout comme s'ils avaient bu. Les débris de livres et de cahiers dont Sancho s'était façonné un confortable matelas en avaient absorbé d'irrécusables témoignages. Mes voisins et moi, nous étant habitués par degrés à la violence de cette senteur, nous en restions assez

dédaigneux ; des camarades plus éloignés m'avertirent charitablement
du danger que présentait le petit fumier de mon aimable pensionnaire ; je ne fis qu'en rire.

Nous possédions alors un pion qui abusait de sa tabatière ; avec
lui, une prise n'attendait pas l'autre. Et quelles prises ? Des pelletées !
Il était invraisemblable que des narines ainsi bondées pussent saisir
un parfum aussi léger que celui qui s'exhalait de mon pupitre
Malheureusement le priseur tomba malade et fut remplacé par un
suppléant. Dès la première séance, je vis le nez de celui-ci se plisser
à plusieurs reprises avec une expression qui me remplit d'inquiétude ; le lendemain, pendant que je ruminais des moyens à employer pour mettre mon petit ami en sûreté, le pion, qui allait et
venait dans l'étude, s'arrêta brusquement derrière moi, leva le couvercle du pupitre, saisit le pauvre Sancho, en train de ronger mon
De viris, et le lança par la fenêtre, non sans me colloquer une
double série de pain sec et d'arrêts.

A la récréation, mes copains et moi, nous nous mîmes en quête
du cadavre de l'infortuné afin de lui rendre les derniers devoirs,
car il était peu probable que Sancho eût survécu à une aussi terrible culbute ; ce fut en vain. Très vraisemblablement, le malheureux avait trouvé dans l'estomac de quelque chat le tombeau que
nous entendions lui ménager.

XXVI

Les pigeons voyageurs et leur dressage.

L'élevage des pigeons voyageurs a pris dans ces dernières années un développement considérable que le gouvernement a eu l'excellente inspiration d'encourager, soit en prêchant d'exemple par ses colombiers militaires, soit en protégeant l'oiseau dans ses pérégrinations par une loi spéciale. Les sociétés colombophiles sont aujourd'hui fort nombreuses; elles ne le seront jamais trop. Que nous ne soyons plus exposés à la nécessité d'avoir recours à ces messagers ailés, cela est assez probable; cependant l'éventualité restant possible, il n'est pas mauvais que nous soyons en mesure d'y pourvoir plus aisément et plus largement que nous ne le fûmes lors de l'année fatale. Danger prévu est à moitié conjuré.

Le pigeon voyageur est une variété du biset fixée par la sélection et aussi remarquable par son attachement à son colombier que par la puissance de son vol et par ses facultés d'orientation. Comme chez tous les bisets, la couleur du plumage est assez variable; la nuance lie de vin est une des plus estimées. Voici un fait qui peut donner une idée de l'amour de ces oiseaux pour ce qu'il faut bien appeler leur foyer domestique : un habitant de Verviers, possesseur d'une quinzaine de paires de pigeons, ayant déménagé, imagina de traiter ces oiseaux comme ses autres meubles meublants et les emporta avec ceux-ci. Murs soigneusement badigeonnés, boulins confortables, eau toujours fraîche, jusqu'à la queue de morue traditionnelle qui donne satisfaction à leurs appétits de sel, rien de ce qui pouvait les familiariser avec leur nouveau gîte n'avait été négligé. On ne leur en ouvrit le grillage qu'au bout de trois mois, lorsqu'un certain nombre d'entre eux furent pourvus du plus solide de tous les liens, d'une famille à élever. Ils n'en désertèrent pas moins, pour retourner à l'ancienne demeure. Le pigeonnier était détruit : ils s'installèrent sur le toit, et à mesure que les petits nés dans le nouveau colombier prenaient de l'aile, les anciens les emmenaient avec eux et allaient retrouver les émigrés.

C'est ce sentiment qui a servi de base à l'industrie du transport des dépêches à l'aide des pigeons voyageurs. Eloigné, même depuis quelque temps, de son colombier, il tendra toujours à le rejoindre aussitôt qu'on lui rendra la liberté et il lui portera sûrement la dépêche qu'on lui aura confiée. Quelques physiologistes ont paru disposés à admettre chez les pigeons voyageurs aussi bien que chez ces autres migrateurs dont les immenses traversées nous étonnent, l'existence d'un sixième sens à l'aide duquel ils retrouveraient leur route à travers l'espace, et même dans les ténèbres, aussi sûrement que l'homme au moyen des instruments créés par son génie.

Sans le nier, nous pensons que la vue si perçante du pigeon joue un rôle important dans la précision avec laquelle il se dirige. Aussitôt qu'il est lâché, on le voit s'élever à des hauteurs d'où son œil peut embrasser une vaste zone; il y décrit quelque temps de larges cercles con-

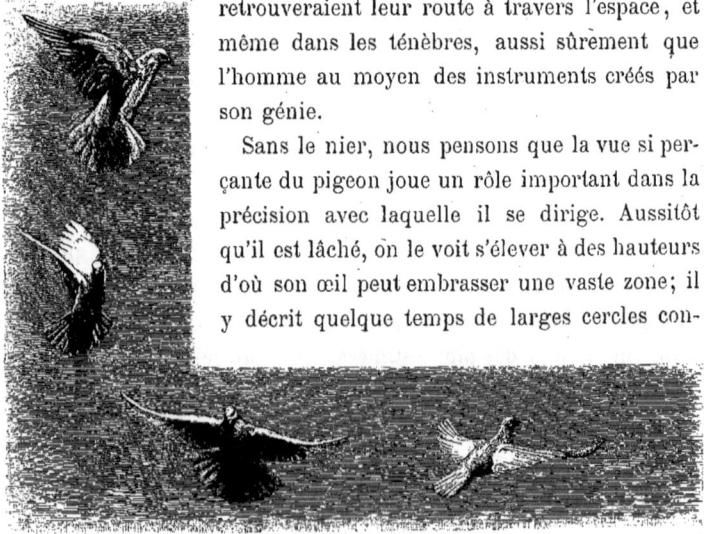

Vol de pigeons voyageurs.

centriques avant de pointer dans la direction qu'il a reconnue; il plane de même quand il arrive, avant de descendre sur sa demeure. D'ailleurs, avant de lui imposer de très longs trajets, on les lui fait parcourir préalablement par fractions, de façon à fournir à sa mémoire, également très développée, des points de repère qu'il reconnaîtra successivement comme devant le ramener chez lui.

Ces voyages préparatoires constituent le dressage du pigeon voyageur; ils embrassent généralement un parcours de 50 à 80 kilomètres. S'il s'agit, par exemple, de les destiner au trajet de Paris à Bruxelles, on les expédiera une première fois à Creil et à Amiens; un second voyage les fera partir de Douai; une troisième fois ils seront lâchés de Mons; après quoi ils connaîtront parfaitement l'itinéraire qui doit les ramener de la capitale de la Belgique. Cet entraînement d'étapes en étapes affaiblit certainement le côté merveilleux de ces voyages.

La vitesse du pigeon voyageur paraît être de 80 à 100 kilomètres à l'heure. Aldobrande raconte qu'un de ces oiseaux fit en quarante-huit heures le trajet d'Alep à Babylone, trajet qu'un bon marcheur n'accomplirait pas en un mois, et d'autant plus remarquable que l'oiseau ne poursuit jamais ses traversées après le coucher du soleil. Un autre a franchi en quatre heures les 72 milles qui séparent Bury-St-Edmunds de Londres. Nous-même nous avons assisté, à Spa, à un concours dans lequel les pigeons ayant été lâchés à Paris à six heures du matin, l'un d'eux tombait sur son toit à onze heures trente-neuf, ayant mis par conséquent un peu plus de cinq heures et demie pour franchir 378 kilomètres.

XXVII

L'acclimatation du dindon sauvage d'Amérique.

Il y a quelques mois, un naturaliste racontait qu'un grand seigneur autrichien avait réussi, non seulement à acclimater le dindon sauvage d'Amérique, mais à l'amener à pulluler en liberté. Il peupla ainsi ses domaines de ce nouveau et magnifique gibier. Nous devons avouer que la nouvelle nous trouva d'abord quelque peu incrédule, et tous ceux qui ont lu l'admirable et minutieuse description que nous donne Audubon des mœurs et des habitudes du dindon sauvage comprendront que nous ayons mis quelque mauvaise volonté à accepter ce récit comme parole d'évangile.

D'après le grand naturaliste américain, qui consacra de longues années à l'étude de ce gibier qu'il semble avoir préféré à tous les autres, si le dindon sauvage n'est point un migrateur proprement dit, il est du moins un erratique. Réunis en troupes qui sont quelquefois de cent individus, ces oiseaux désertent plusieurs fois par an la contrée où ils se trouvent et, traversant des espaces considérables, franchissant des fleuves, vont s'établir dans d'autres régions où leur instinct leur révèle qu'ils trouveront une nourriture abondante. Il était donc parfaitement rationnel d'en conclure qu'il serait au moins difficile de maintenir ces vagabonds dans les héritages étriqués dont nous disposons.

Nous avions cependant un intérêt assez sérieux à nous approprier ce type primitif de l'espèce et à le propager chez nous, car sa chair est très supérieure à celle du dindon que nous avons civilisé et, de plus, il l'emporte beaucoup sur lui par la beauté et l'éclat de son plumage. Nous

Le dindon sauvage (mâle).

plus haut le trait d'une abondante les migra- oiseaux; le fiant la ré- lui prête la nations, il solument qu'elle ne certain asser- peut-être en largement à re, en la va- rendant at- parvien- cider ce va- montrer un dentaire, à

avons dit rôle que l'at- alimentation exerçait sur tions de ces dindon justi- putation que sagesse des n'est pas ab- impossible facilite un vissement; pourvoyant sa nourritu- riant, en la trayante, drait-on à dé- gabond à se peu plus sé- accepter no-

tre tutelle protectrice et à vivre dans cet état de demi-domesticité qui est en réalité celui du faisan. Le changement de milieu doit également contribuer à une modification des instincts primitifs et en tout cas l'expérience est à tenter.

L'ancienne liste civile eut de ces velléités d'introductions de gibiers nouveaux. Malheureusement elles furent trop tardives et la fin prochaine du règne ne leur permit pas de donner des résultats. Déjà en 1868, sur sa propre initiative, un de ses inspecteurs des forêts, M. de la Rue, avait essayé de peupler Villefermoys d'une poule sauvage qui venait des îles de l'océan Indien. En 1869, on se proposait d'introduire le dindon sauvage à Saint-Germain et on tentait l'acclimatation des mouflons dans la forêt de Marly. Ce dernier essai donna de sérieuses espérances. Ces animaux semblaient se plaire dans les hautes bruyères de la claire forêt et regrettaient si peu les escarpements de leurs montagnes que, dès la première année, ils fournirent des produits. Ceux-ci n'eurent pas le temps de multiplier; l'année funèbre était venue, et tous les soins dont ils avaient été l'objet eurent pour résultat de permettre à l'état-major de l'empereur Guillaume de s'offrir des rôtis de mouflon à bon marché.

*
* *

Si le dindon-gibier doit rester à l'état de chimère, nous avons pour nous en consoler la certitude que le dindon sauvage d'Amérique est aujourd'hui si bien façonné à notre climat qu'on peut le considérer comme définitivement domestiqué. Peut-être en existe-t-il d'autres; mais nous sommes en mesure de citer deux petits troupeaux de ces oiseaux, tous les deux en pleine prospérité. L'un d'eux appartient à un éminent professeur de la Faculté, membre de l'Académie de médecine et grand aviculteur par-dessus tout cela, M. le docteur Le Fort. Les premiers spécimens de son élevage proviennent de la bande de dindons sauvages qui fut introduite il y a une douzaine d'années par la Société d'acclimatation. Leur taille était un peu forte, un des ascendants ayant été croisé avec un dindon d'Écosse. M. le docteur Le Fort travailla à les ramener par la sélection au type de la race primitive. Il y réussit complètement; élevés presque en liberté dans une propriété de la Sologne, ils ont recouvré la taille, le plumage, tous les caractères de l'américain; on ne les distingue plus d'une autre bande de dindons de race pure, appartenant à M. le docteur Michon, ancien préfet du Loiret, qui habite les environs de Montargis.

Il n'y a pas lieu de médire de l'extérieur de notre vieux dindon; si son plumage est un peu sombre, sa démarche un peu gauche, on ne saurait nier qu'il ne soit d'une beauté très originale, lorsque, sollicité par quelque passion, étalant sa queue en roue, gonflant ses plumes, redressant sa tête casquée et cravatée d'azur et d'écarlate, il se met à

Chasse aux dindons sauvages, en Amérique.

piaffer avec la solennité d'un paladin. L'américain, qui possède tous les accessoires, toutes les traditions de cette mimique, a sur lui l'avantage de l'exécuter avec un habit incomparablement plus brillant. Ce ne sont pas encore les curieux dessins, les chatoiements du dindon ocellé que nous décrit Audubon, mais la parure est déjà assez riche pour faire grande figure auprès du vêtement de deuil de notre civilisé. Les plumes du cou, du poitrail, d'une partie du dos sont chez le dindon sauvage d'un vert de bronze qui, par ses reflets cuivrés, a sous certains aspects l'éclat du métal; celles de la queue sont zébrées transversalement de raies blanches et d'étroites bandes fauves du plus gracieux effet. Les couleurs sont moins vives chez la femelle et les zébrures blanches plus accusées.

Cette supériorité, si agréable qu'elle soit, ne serait pas décisive si le dindon sauvage n'avait pas d'autres mérites à son actif; outre l'excellence de sa chair, il est une raison encore qui doit rendre cette acquisition précieuse pour les aviculteurs et principalement pour les pays où l'élevage du dindon se pratique dans de grandes proportions. La mortalité du jeune âge est toujours considérable chez le civilisé; on ne doit pas s'attendre à en perdre moins de 18 à 20 0/0, au moment où les jeunes oiseaux prennent le rouge. Cette mortalité est au contraire très faible chez l'américain. Le garde du docteur Le Fort, qui élève simultanément les deux espèces et leur donne la même pâtée, dans laquelle les orties hachées tiennent une large place, perd à peine 2 à 3 0/0 des dindonneaux exotiques.

On voit donc que, même au point de vue purement agricole, la propagation et la diffusion du dindon d'Amérique ayant une réelle importance, les tentatives que nous signalons doivent être encouragées; si, malgré les difficultés de tempérament que nous mettons en lumière, on finissait par réussir à le transformer en un oiseau de chasse approprié à notre territoire, les initiateurs de son élevage, après avoir bien mérité des aviculteurs, auraient encore droit à la reconnaissance des disciples de saint Hubert.

.˙.

M. le docteur Le Fort, ayant bien voulu mettre gracieusement à notre disposition un coq et deux poules, nous cédâmes tout de suite au désir de vérifier s'il était possible de doter nos bois de ce magnifique gibier. Malheureusement, c'est surtout comme étendue que notre domaine ne rappelle pas du tout la patrie du dindon sauvage; nous doutons qu'il eût poussé la condescendance jusqu'à accepter le bosquet d'un demi-hectare qui en est le plus bel ornement pour une succursale de ses forêts vierges! L'aimable inspecteur de la forêt de Marly, M. Recopé, si curieux des choses de la chasse, vint charitablement à notre secours : avec l'approbation de la maison militaire de M. le président de la République, il voulut bien nous accorder le concours de ses gardes et nous autoriser à prendre les collines boisées et pittoresques de Marly pour champ d'expérience.

Comme tous les initiateurs, nous débutâmes par une faute suivie d'une déception. Plein d'admiration pour les superbes oiseaux que M. le docteur Le Fort venait de nous envoyer, très curieux d'étudier de près leurs mœurs et leurs habitudes, nous commîmes la faute de vouloir les conserver à notre portée jusqu'après la ponte. Le parquet qui devint leur demeure était très vaste, mais l'ébat consacré à leurs récréations n'avait rien des conditions requises : assez resserré, il ne ressemblait aux prairies natales que par quelques brins d'herbe végétant çà et là entre deux pavés; en un mot, c'était une cour.

Ce croc-en-jambe au premier de tous les principes en matière d'acclimatation eut des résultats lamentables. La ponte fut médiocre, presque tous les œufs étaient clairs, et, chez les autres, la coquille offrait si peu de consistance, qu'ils se brisaient sous la poule qui les incubait.

Nous fîmes notre profit de la leçon sans nous entêter davantage. Toujours avec le concours de M. l'inspecteur, les trois dindons furent placés chez le brigadier forestier Chauvon, un des gardes les plus intelligents que nous ayons jamais rencontrés; il mit à la disposition des oiseaux une savane en raccourci où ils trouvaient du couvert, une herbe plantureuse et des insectes. Sous ce nouveau régime, il se produisit ce fait assez rare, que la ponte de recoquage fut plus considérable que la première. Aujourd'hui, la forêt est en possession d'une dizaine de dindonneaux bien plantés, bien poussés, qui ont traversé la phase critique du rouge sans trop de dommage.

Évidemment, il faut attendre un an encore pour que l'essai reçoive sa conclusion. Avec le nombre de poules qui vont subsister, il sera possible, tout en réservant des reproducteurs, d'en laisser quelques-unes couver en plein bois, — elles y ont une grande propension, comme du reste la dinde domestiquée, — et élever leurs petits en liberté, sans autre secours que l'agrainage et quelques poignées d'œufs de fourmis dans les premiers jours suivant l'éclosion. Ainsi abandonnés à eux-mêmes, ces jeunes fourniront la mesure et de leurs dépenses et des ressources qu'ils peuvent présenter comme gibier de chasse.

Audubon, qui a consacré aux dindons sauvages des monographies qui ne révèlent pas moins le chasseur passionné que le naturaliste sagace, leur prête des habitudes sinon migratrices, du moins errantes qui, chez nous, pourraient rendre leur conservation difficile; cependant, comme d'après ses observations leurs changements de canton sont toujours la conséquence de la pénurie de la nourriture, il est infiniment probable que l'on réussirait à les retenir en pourvoyant largement à leurs besoins. Quant à leur rôle comme gibier, peut-être en raison même de la facilité et de la rapidité avec laquelle ils courent, à un trot très allongé et légèrement sautillant, sera-t-il quelque peu difficile de les mettre à l'essor. Audubon raconte encore qu'ils se défendent surtout en piétant, et qu'il faut un chien très agile pour les rejoindre, même dans la prairie. Néanmoins, ils volent bien; le coq que nous avons eu sous les yeux avait choisi pour gîte de nuit une grosse branche de sapin à dix ou douze mètres du sol; il la gagnait d'un seul vol, sans effort apparent.

Les petits dindonneaux sauvages, à la sortie de la coquille, sont, les uns, complètement blancs, et, chez les autres, le blanc est traversé par quelques ondes grisâtres; à mesure qu'ils grandissent, on voit s'affirmer leur plumage brun et blanc, et la nuance de bronze de leur dos commence à s'accuser. En parlant de l'intérêt qui s'attache à l'acclimatation du dindon sauvage, nous avons négligé d'insister sur un de ses mérites les plus sérieux; celui-là s'adresse plutôt aux gastronomes qu'aux chasseurs; mais en dépit de la calomnie, il est incontestable que le plus souvent l'un et l'autre ne font qu'un. Nous ne saurions trop insister sur l'excellence de sa chair, qui n'a rien de la sécheresse justement reprochée à son cousin de longue date domestiqué. Cette chair est fine, juteuse, succulente, et par son fumet elle se rapproche de celle de la perdrix grise. Cette supériorité, du moment où il aura vécu en liberté, il ne nous paraît pas douteux que l'oiseau ne la conserve. Cette perspective de « perdrix » d'une douzaine de livres ne fera pas seulement venir l'eau à la bouche des gourmands; avec elle les fusils sont capables de partir tout seuls! Pourra-t-elle se réaliser? voilà la question.

XXVIII

L'élevage de l'autruche.

Par ce temps de luttes pour la vie, ou plutôt pour la fortune, il semblerait que les entreprises susceptibles de devenir fructueuses sans vous réduire à la cruelle nécessité de « struggleforlifer » son prochain ne devraient jamais manquer d'amateurs. Il n'en est pas tout à fait ainsi; nous allons en signaler une dans laquelle nous avons joué le rôle glorieux d'initiateurs, dont de nombreuses expériences ont démontré la sérieuse valeur, et qui n'en est pas moins délaissée par nous ou peu s'en faut.

Bien que les exemples de la réduction de l'autruche africaine datent de fort loin, on contestait la possibilité d'obtenir la reproduction régulière de cet oiseau en captivité. En 1855, le très intelligent directeur des pépinières algériennes du Hamma, M. Hardy, voulut en tenter l'expérience. Après plusieurs essais contrariés par des accidents atmosphériques, en 1856, M. Hardy obtenait un autruchon; en 1857, ayant amélioré l'emplacement ménagé à ses oiseaux pour leur ponte, il avait neuf petits parfaitement robustes et qui vécurent. Deux années plus tard, les éclosions furent également obtenues au jardin zoologique de Marseille. Le problème était résolu et la reproduction continua de se poursuivre au Hamma.

Fidèles à notre tempérament national, nous semblâmes longtemps décidés à nous contenter de l'honneur de la découverte. Bien que le prix énorme auquel peuvent arriver les plumes de l'autruche, — 1.500 à 1.800 francs la livre pour les plumes blanches, et de 600 à 700 francs pour la seconde qualité, — fût singulièrement suggestif, quoique l'expérience eût déjà prouvé que ce tribut n'était pas plus difficile à percevoir sur l'autruche dans la domesticité que le duvet de nos oies, pendant vingt et un ans, de 1857 à 1878, nos compatriotes algériens dédaignèrent l'application industrielle et commerciale de l'expérience de MM. Hardy et Suquet. Nos voisins d'outre-Manche qui, ne se grisant jamais de fumée, ont un flair tout spécial pour découvrir et s'approprier les innovations fructueuses, avaient déjà compris son importance; leur colonie du Cap donna à l'élevage de l'autruche un développement, dont un très intéressant rapport de M. Magaud d'Aubusson, publié dans le *Bulletin mensuel de la Société d'acclimatation*, nous permet de vous soumettre les proportions.

« En 1865, dit M. Magaud d'Aubusson, on ne comptait dans toute la colonie du Cap que quatre-vingts autruches domestiques; dix ans après, le recensement de 1875 révélait l'existence de 22.247 oiseaux; en 1877 un nouveau recensement indiquait le chiffre de 32.247. Cet accroissement merveilleux était dû à l'incubation artificielle des œufs d'autruche qui fut longtemps leur secret. En 1880 le nombre des oiseaux s'élevait à 50.000 et l'exportation des plumes à 25.000.000 de francs par année. Pendant les trois premiers mois de cette année 1880, l'exportation des plumes dépassa de 82.000 livres ce qu'elle avait été pendant la période correspondante de l'année 1879. En 1881 l'exportation fut de 87.706 kilogrammes de plumes, d'une valeur de 22.356.000 francs. »

Ces chiffres se passent de commentaires; ils nous fournissent la mesure de l'aubaine que notre colonie algérienne, qui n'avait qu'à fermer la main pour la retenir, aura laissé échapper. Ce ne fut qu'en 1878 que, les succès des colons du Cap ayant dessillé les yeux de nos commerçants, une société établit à Aïn-Marmora, dans les environs de Coléah, un parc à autruches aujourd'hui en rapport et dont on pouvait voir les produits au pavillon algérien à l'Exposi-

Chasse à l'autruche.

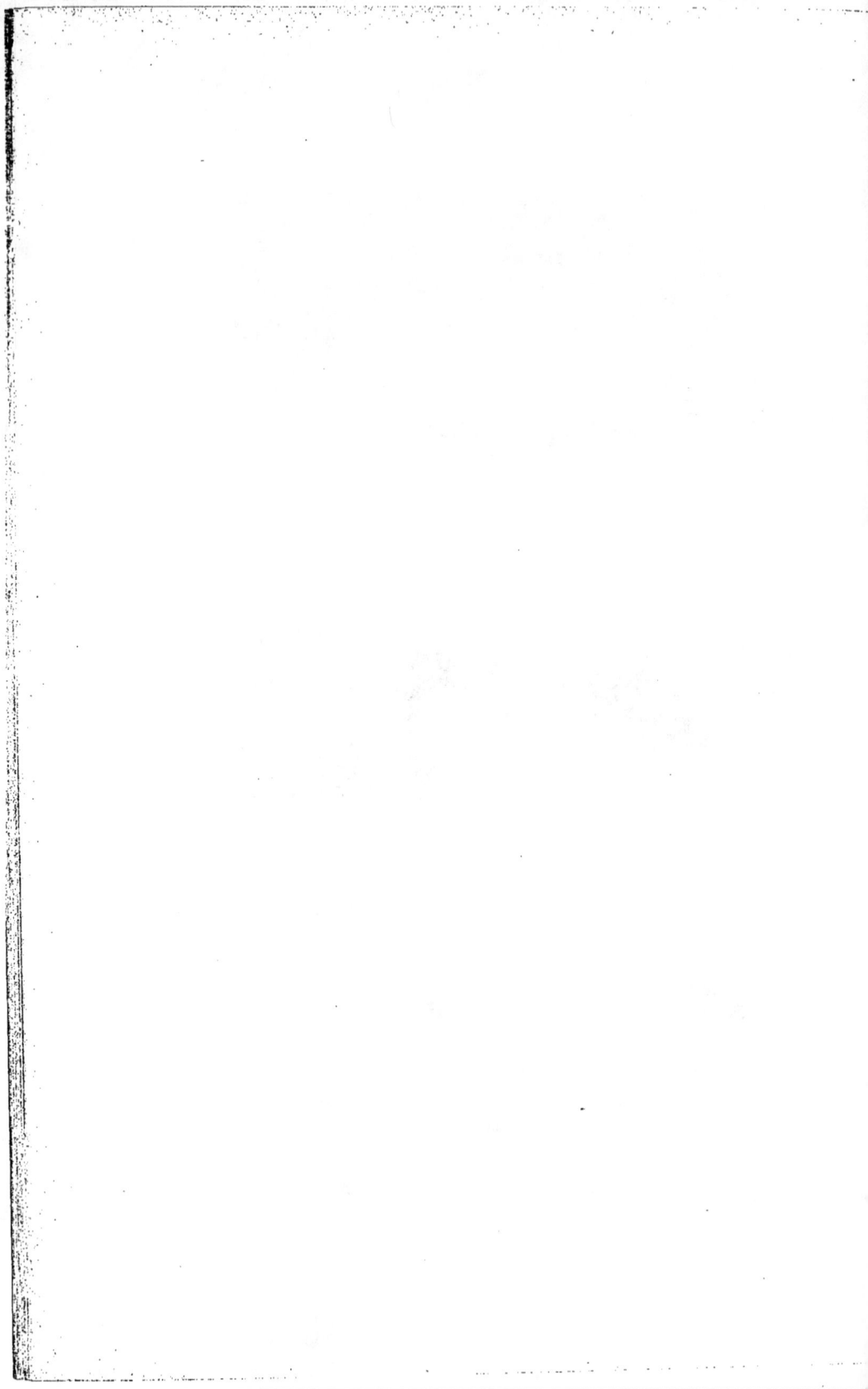

tion universelle, à côté du lot magnifique envoyé par le jardin d'essai du Hamma.

Non seulement nous avons été distancés par les Anglais, mais de leur côté les Américains revendiquent une part dans cette branche de commerce; ils ont fondé des établissements d'élevage en Floride, en Californie et notamment dans ce dernier État, à Los Angeles, près de Kenilworth, un parc affectant, dès son début, des proportions tout américaines. L'Australie, la Nouvelle-Zélande elle-même se livrent également à cette culture de la plume; il n'est pas jusqu'à l'île Maurice qui ne figure parmi les nouveaux pays producteurs.

Cependant, et malgré tant de concurrences, il nous semble que ce serait une faute d'abandonner la partie, non pas seulement en raison de notre priorité dans la pratique de cette industrie, mais surtout parce qu'aucune des contrées que nous venons d'énumérer n'est aussi bien placée que notre terre algérienne pour distancer ses rivaux. Nous avons vu que la valeur des plumes subissait des variations considérables selon leur qualité. Or, en dehors des plumes dites d'Alep, qu'il est presque impossible de se procurer, celles de notre colonie ont une grande supériorité sur les produits des autres provenances. « La vue de ces plumes, dit le rapport de M. Magaud d'Aubusson, en parlant de l'envoi du jardin d'essai, qui sont amples, élégantes, souples, floconneuses, fait regretter plus vivement encore que notre colonie occupe le dernier rang dans la production. »

Peut-être pourrait-elle montrer beaucoup mieux encore. Un naturaliste, M. Forest, ancien éleveur, a publié dans l'*Algérie agricole* un projet d'élevage de l'autruche dans le Sud algérien, où il s'appuie sur des considérations qui doivent frapper tous les esprits réfléchis. Évidemment, au début de la domestication de l'autruche, le climat du littoral ne saurait être aussi favorable à sa reproduction qu'une région absolument voisine de son habitat. C'est pour cela que, nous le croyons avec M. Forest, on aurait de grandes chances de succès en créant de grands parcs à autruches similaires à ceux du Cap dans la région des Dayas, en prenant

Laghouat comme point extrême à l'Ouest, Biskra au Nord, jusqu'à Ouargla au Sud, le chott Mel-Rirh à l'Est.

D'après M. Forest, cette région est habitée, dans ses oasis, par la population nègre « les Rouarhras », laborieuse, de mœurs très douces, n'ayant aucune prévention ni d'intérêt ni de fanatisme contre les Européens, et dans laquelle toute exploitation trouvera des serviteurs fidèles. Si l'autruche sauvage n'habite pas cette partie du Sahara, elle s'y montrait fréquemment avant la guerre d'extermination dont elle a été l'objet depuis quelques années. Là se trouvait le théâtre des chasses du borgne Tahar, le gardien des eaux de Laghouat, dont Fromentin a tracé une si saisissante silhouette; c'est là encore que l'illustre général Margueritte traquait l'autruche en compagnie de ses amis les Chambaas, et, après des courses vraiment fantastiques qu'il a décrites lui-même avec tant de verve, réussissait à forcer l'infatigable oiseau. Il y a donc lieu de croire que le projet de M. Forest pourrait s'y réaliser dans des conditions assez favorables pour nous assurer l'avantage sur les concurrences anglaises et australiennes; notre colonie se trouverait ainsi dotée d'une branche d'industrie vraiment sérieuse; elle n'en aura jamais trop.

XXIX

Il vous sera certainement arrivé, un jour d'été que vous vous étiez enfoncé dans les bois à l'heure où, le soleil tombant d'aplomb sur la voûte de la futaie, ses rayons dessinent de fulgurantes arabesques sur le tapis de feuilles sèches, où les cimes ont cessé de bruire au souffle de la brise, où les oiseaux retirés dans le buisson se sont tus, d'entendre dans ce silence un léger froufrou qui vous a fait relever la tête. Vous aurez aperçu, tantôt glissant sur le fût lisse du hêtre, tantôt guettant à l'enfourchure de quelques branches, un petit animal au pelage roussâtre, au ventre blanc, aux oreilles pointues, à la queue touffue se relevant en panache, un petit animal dont les yeux noirs, deux perles de jais, se fixent sur vous avec curiosité.

Quels que fussent vos préoccupations, vos soucis, vos rêveries, de votre côté, vous y aurez fait trêve pour examiner cette apparition avec intérêt. L'écureuil est un charmeur; l'effet de l'exquise propreté de son habit, de sa grâce dans tous ses mouvements, dans toutes ses attitudes, à la fois si innocentes et si malicieuses, est irrésistible; ce n'est point de l'admiration certainement qu'il inspire, c'est tout simplement une sensation des plus agréables; mais la solitude où vous vous trouvez, le recueillement que, bon gré, mal gré, elle vous inspire, accentue cette impression fugitive. Non seulement vous ne regrettez pas d'avoir été troublé par un importun si gracieux, mais vous voudriez le contempler et de plus près. S'il en est ainsi, ne bougez pas, ne faites par un mouvement, si vous ne voulez pas que le petit animal qui vous captive ne vous donne plus que le spectacle de l'agilité avec laquelle il prendra le large en sautant de branche en branche, de cime en cime, agilité merveilleuse qui faisait définir l'écureuil par un campagnard de nos amis : un quadrupède faisant son apprentissage d'oiseau.

Les écureuils

Buffon a représenté l'écureuil comme un vivant symbole de l'activité, de l'industrie et de la propreté. De ces trois vertus nous ne devons retenir que la seconde. Il est vrai qu'il consacre une bonne part de la journée à lustrer son museau avec une vivacité qui a fait croire à quelques observateurs légèrement superficiels qu'il se frottait joyeusement les mains. Mais ce souci de la belle tenue de l'extérieur, on le retrouve non seulement chez tous les oiseaux, mais chez beaucoup de quadrupèdes sauvages. Quant à son activité, en réalité, l'écureuil s'agite beaucoup plus qu'il ne travaille.

Il en est autrement de son industrie : il a le don de prévoyance si rare chez les animaux qui vivent isolés; il possède la prescience des jours de disette et des tiraillements faméliques qui s'ensuivent, et il sait y pourvoir au temps de l'abondance. Il amasse dans les

cavités des arbres voisins de son nid des glands, des faines, des noi-
settes, et jamais il n'oublie le chemin de ses cachettes. Il se montre
encore digne de ses voisins les oiseaux, par l'art avec lequel il sait
se construire, à l'aide de bûchettes et de mousse, un nid ouvert par
le haut et néanmoins impénétrable à la pluie, où les propriétaires
pourront braver les rigueurs de l'hiver. Enfin, détail négligé par le
grand naturaliste, probablement parce que, de son temps, la fidélité
conjugale était considérée comme une faiblesse de petites gens et
n'était pas une recommandation, si les mœurs de l'écureuil ne sont
pas toujours exemptes de blâme, il ne concourt pas moins avec sa
compagne à l'éducation de sa famille, composée de trois ou quatre
petits qui viennent au monde vers le mois de juin.

Avec tant de titres à la sympathie, dont notre protection devrait
être la conséquence, nous devons l'avouer, l'écureuil n'est pas exempt
de quelques instincts pernicieux, qui trop souvent attirent sur sa tête
la foudre sous la forme d'une charge de plomb. La malice qui com-
plique l'expression innocente de sa physionomie se traduit par l'a-
charnement avec lequel l'animal s'attaque aux flèches des résineux,
les rongeant, grignotant, coupant, déshonorant les plus beaux pins,
sans autre profit que le désespoir du forestier.

Son innocence elle-même sert de masque à une certaine perversité.
Ce flâneur des voûtes forestières, ce leste grimpeur n'est qu'en apparence insoucieux de malfaisance; les cabrioles que vous avez admirées
couvrent des instincts de rapines; tout en ne s'exerçant pas aux dépens des êtres vivants, les siennes font le désespoir de maintes fa-
milles et le vide dans tous les bosquets qu'il fréquente. A son ordinaire de cénobite, les fruits des bois, l'écureuil ajoute volontiers les
œufs, — qui rentrent, il est vrai, dans le régime du carême, — et ces
œufs, il les emprunte aux nids de tous les oisillons que son agilité,
ses incessantes allées et venues lui permettent de découvrir. Les petits
oiseaux ne sont jamais très nombreux dans les bois où il existe un
certain nombre d'écureuils.

Ce joli petit animal, lorsqu'il est arraché à son indépendance, s'apprivoise aisément et se montre même susceptible de quelque attache-

ment pour son maître. Nous en avons vu qui étaient devenus si complètement familiers, qu'on les laissait sortir librement de la cage à tourniquet qui est spéciale pour cette espèce, et aller et venir à leur fantaisie dans l'appartement.

Nous en avons connu un, appartenant à une fillette qui l'avait élevé tout petit et qu'elle portait toujours réfugié dans le corsage de sa robe, même lorsqu'elle allait se promener au dehors. Il lui témoignait tant de tendresse, qu'il ne semblait pas possible qu'il se décidât jamais à s'en séparer volontairement. Mais la liberté est peut-être la seule maîtresse qui conserve éternellement son empire.

Un jour que la fillette avait gagné un petit bois voisin de l'habitation avec son élève, celui-ci eut la fantaisie de grimper dans un arbre. Il s'était vingt fois permis ses excursions aériennes dans le jardin, revenant toujours à l'appel de la voix aimée; mais on était au printemps, dont les suggestions sont terribles; le fugitif se fit attendre, et la petite fille eut beau multiplier les appels, il ne revint pas, et il fallut rentrer sans lui, en proie à un véritable désespoir.

Quatre mois après, un jour que la fillette s'était rendue dans ce bois, comme toujours avec l'espoir de retrouver l'infidèle, on la voyait rentrer au salon tout émue et la main entortillée d'un mouchoir taché de sang. Cette fois, elle avait revu l'écureuil, il était venu à sa voix, avait repris pendant un instant sa place dans son gîte d'autrefois, lui avait rendu les caresses que, dans sa joie, elle lui avait prodiguées; mais comme elle avait imprudemment manifesté l'intention de l'emporter, l'animal s'était énergiquement débattu et, au moment où elle venait de le saisir afin de comprimer ses efforts, il l'avait si cruellement mordue à la main, que, contrainte de lâcher prise, elle l'avait vu une seconde fois disparaître dans ses demeures aériennes.

XXX

Les chasseurs ne sont pas les seuls à apprécier les charmes de l'ouverture; j'estime que leurs chiens d'arrêt les goûtent, ces charmes, avec une satisfaction encore plus grande. Les premiers ont trouvé, au long farniente que la loi leur impose, les compensations les plus variées, les plaisirs mondains, les spectacles, les bals et leurs nombreux corollaires, sans compter les variations de leur distraction favorite, traques, battues, chiens courants, etc. Pour les seconds, au contraire, ces onze mois se traduisent généralement par onze mois de réclusion au chenil, à peine agrémentée par quelques promenades de santé sur les talons du valet qui y préside. Quand on connaît les appétits du chien d'arrêt pour la quête du gibier, la passion avec laquelle il s'y livre, on peut apprécier l'ivresse avec laquelle il doit savourer son émancipation inattendue, les ineffables jouissances qu'il doit trouver dans le sentiment du gibier caressant de nouveau ses nerfs olfactifs, l'ardeur avec laquelle il le conduit, l'arrête et le rapporte. Un véritable chasseur doit être aussi heureux de l'ouverture pour son chien que pour lui-même.

Au temps de la première amodiation de la forêt de Saint-Germain, il y avait parmi les actionnaires de Léon Bertrand un brave homme qui déboursait 2.000 francs par an, sans les frais, et s'astreignait tous les jeudis à une promenade à travers bois, promenade innocente, car je ne crois pas qu'il ait tué deux lapins pendant toute la durée du

Le bonnetier se présenta chez
la veuve.

bail, le tout pour procurer à sa chienne
Flore l'occasion de former quelques arrêts.
Je sais mieux encore : l'histoire d'un chasseur généreux ayant affronté le sacrement
pour épargner à un bon chien la honte de se
rouiller à perpétuité dans une niche.

C'était un ancien bonnetier célibataire,
qui, après avoir réalisé une petite fortune,
était venu prendre sa retraite dans ce joli
village d'Andrésy, une des perles de cet
écrin de sites charmants qui constituent
la vallée de la Seine, et où il avait acheté
une maisonnette. Pour occuper ses loisirs,
M. Laplace commença nécessairement par
pêcher; puis, septembre venu, il se demanda pourquoi il ne réussirait pas aussi
bien dans un second sport que dans le premier : il prit un permis, acheta un fusil et
se mit à chasser. Il n'avait pas trop présumé
de ses aptitudes : il était adroit, et bien que
fort novice en cynégétique, il réussit passablement.

Lorsque vint l'ouverture de la chasse dans
les vignes, ses succès diminuèrent; il n'a-
vait pas de chien; tantôt le brusque départ
des perdrix le surprenait et mettait la jus-
tesse de son coup d'œil en défaut, tantôt il
ne parvenait jamais à retrouver une pièce
qu'il était certain d'avoir vue tomber. Bien
que peu avare, M. Laplace fut un peu effarouché par la perspective d'avoir une bouche
de plus à nourrir; il songeait à se pourvoir
de cet auxiliaire, lorsqu'un jour, en montant
le raidillon qui conduit aux vignes, il sentit quelque chose qui lui

frôlait les mollets : il se retourna. Non seulement c'était un chien, mais le chien de chasse qu'il convoitait, un épagneul noir dont l'extérieur annonçait une certaine pureté de race. M. Laplace saisit l'aubaine aux cheveux, il se laissa suivre, et bien lui en prit, car, grâce à ce nouveau collaborateur, il fit une chasse magnifique et rentra triomphant avec six perdreaux et un lièvre.

En rentrant dans le village, le chien l'avait quitté; mais M. Laplace s'informa : il apprit que l'animal se nommait Trim et appartenait à une veuve demeurant à quelque distance de chez lui : aussi, le lendemain et les jours suivants, il s'arrangea pour passer devant la maison de la voisine en allant en chasse, portant ostensiblement son fusil sur l'épaule. Trim, qui certainement avait, de son côté, apprécié les délices de la journée passée en sa compagnie, ne manquait jamais, lorsqu'il l'avait aperçu, de franchir d'un bond la barrière qui fermait le petit jardin de sa maîtresse et de venir rejoindre le chasseur. Ces parties se répétèrent pendant quinze jours; avec son auxiliaire, M. Laplace exécuta de véritables tueries; il en arriva à estimer que Robin-Hood ne lui allait pas à la cheville.

Malheureusement, cela ne pouvait pas toujours durer; un jour qu'il passait devant l'habitation de la veuve, il vit Trim, la physionomie piteuse, allongé devant sa niche à laquelle le retenait une belle chaîne toute neuve; il ne fallait plus compter sur lui. M. Laplace battit néanmoins les vignes et leurs alentours; mais, cette fois, il rentra bredouille.

Le bonnetier était un homme pratique; le lendemain, il se présentait chez la veuve, lui exposait comment il avait été accidentellement amené à accepter le concours de son chien, en se dépêchant de lui proposer de lui abandonner, à l'avenir, la moitié du gibier qu'il arriverait à tuer avec son aide. La veuve lui répondit assez sèchement qu'il eût été délicat de commencer par là, et elle se refusa fort nettement à l'arrangement qu'il lui proposait.

M. Laplace rentra chez lui assez déconfit, mais non découragé; quelques jours après, il revenait à la charge, proposant à la dame de lui acheter Trim, dont il lui offrait 200 francs; une folie, disait-il, mais on en fait à tous les âges. Il n'obtint pas une meilleure réponse que lors de sa première visite. Il tenta une diversion en visitant tous les chiens à vendre dans la forêt de Saint-Germain et en les essayant. Mais il e retrouvait chez eux ni la quête ardente, ni la finesse d'odorat, ni la sûreté dans l'arrêt, ni l'adresse à retrouver le gibier blessé, ni les aptitudes à l'eau comme à percer au fourré qu'il avait reconnues chez l'épagneul. Décidément, c'était Trim qu'il lui fallait. Il revint à la veuve, doubla et tripla le prix qu'il lui avait primitivement offert. Celle-ci lui répondit avec douceur que ce chien avait appartenu à son premier mari, auquel elle avait juré de ne jamais s'en séparer, et qu'elle était décidée à tenir son serment.

Pendant cet entretien, M. Laplace avait remarqué qu'en dépit de ses quarante-cinq ans, la veuve avait encore de fort beaux yeux et un ensemble de formes fort appétissant. Pendant la nuit, il réfléchit que la petite fortune qu'elle possédait arrondirait très agréablement son propre avoir et que, par-dessus le marché, il n'avait pas d'autre moyen d'entrer en possession d'un chien merveilleux que de succéder au premier maître de celui-ci. Pour avoir Trim, il demanda la main de sa voisine; il fut agréé et tout Andrésy dansa à leur noce.

XXXI

Ne croyez pas à la stupidité dont on taxe assez généralement nombre d'animaux : le plus épais d'entre eux en apparence en sait toujours bien long sur ce qui l'intéresse ; en maintes occasions, leur instinct peut en remontrer à nos facultés raisonnantes. Une femme d'un grand sens nous disait un jour qu'il suffisait de parler à chacun sa langue pour n'être jamais exposé à rencontrer d'imbéciles ; c'est en pratiquant cette méthode que je suis arrivé à reconnaître que, contre l'opinion commune, l'âne était loin de manquer d'esprit. Ajoutons que nos relations avec les bêtes ne sont jamais dénuées d'une nuance de sentimentalisme qui en devient un très agréable appoint. Laissons de côté le chien, ce « candidat à l'humanité » ; moins démonstratifs, d'autres animaux ne sont pas plus que lui réfractaires à la reconnaissance ; il suffit de se montrer envers eux bon et humain pour qu'ils vous aiment, et vous n'êtes jamais bien sûr d'en obtenir autant de la part de vos semblables.

Le mutisme des hôtes de l'écurie, de l'étable, de la basse-cour, n'est qu'apparent ; leurs hennissements, leurs beuglements, leurs gloussements ne sont pas de vains bruits, non seulement pour les êtres de leurs espèces, mais pour les hommes que l'habitude a familiarisés avec eux. Une fermière reconnaît parfaitement aux cris spéciaux de la volaille qu'un étranger vient de s'introduire dans la cour ; le cheval a un accent particulier pour rappeler que l'heure de son repas est sonnée et

que le râtelier est vide; est-ce que l'aboiement par lequel le chien manifeste sa joie de partir pour la chasse ressemble à celui par lequel il
vous avertit de vous tenir sur vos gardes? La poule n'a-t-elle pas un
signal pour faire comprendre à ses poussins qu'un danger les menace
et les rallier sous ses ailes?

Du moment où chaque variation de ce cri répond à une situation
nettement caractérisée et provoque la même action chez ceux auxquels il s'adresse, peut-on lui dénier le titre de langage? Langage
circonscrit, correspondant à certains besoins prévus, limité par la
faculté qu'ont les êtres qui sentent plus qu'ils ne pensent de se com-
muniquer leurs sensations par l'action, et néanmoins assez riche en
modulations pour que nous-mêmes nous finissions avec le temps par
en reconnaître les nuances. Ces modulations sembleront, il est vrai,
absolument uniformes aux oreilles qui les entendent rarement, mais
lorsque deux étrangers causent devant nous dans une langue que
nous ne comprenons pas, est-ce qu'il ne nous semble pas également
percevoir la répétition constante des mêmes syllabes?

Il est très remarquable que les animaux les mieux doués sous le
rapport de l'intelligence sont précisément ceux qui se montrent les
plus loquaces et chez lesquels les diverses modulations du cri sont
plus flagrantes; c'est encore un indice de la faculté de communication
par la voix chez les bêtes.

Citons, parmi celles chez lesquelles, en y prêtant quelque attention, on reconnaît des modulations très perceptibles dans leur variété, la pie méfiante, astucieuse et surtout bavarde. Cet oiseau ne vit
pas à l'état de société, mais il connaît et pratique les devoirs de la
solidarité; ses cris multipliés et presque incessants en sont la mani-
festation très ostensible. Si rien ne bouge dans le massif, dame Margot,
perchée sur quelque haute branche, fait perpétuellement entendre
une sorte de gazouillement rauque et cadencé, signifiant certainement, que tout va bien et que ses commères du voisinage répètent à
l'envi. Une figure suspecte apparaît-elle, elle s'envole en silence, —
l'héroïsme de d'Assas n'a pas cours dans son espèce; — mais aussitôt
qu'ayant développé son essor, elle se voit en sûreté, elle éclate en cla-

La pic et les écureuils.

meurs suraiguës, qui sont si bien le « sauve-qui-peut! » des pies,
que lorsqu'il aura retenti il n'en restera pas une seule dans le bosquet.
N'est-il pas vraisemblable qu'il existe dans leur babil d'autres variations parfaitement significatives pour ces oiseaux, mais dont notre
indifférence pour leurs faits et gestes ne nous permet pas de comprendre le sens?

L'oie, qui est loin de mériter la réputation de stupidité qu'on lui

Les oies.

décerne, bien que nulle de nos bêtes domestiques n'ait mieux résisté
à la dégradation qu'engendre la servitude, doit avoir sa place parmi
les oiseaux jaseurs. Elles ne sortent jamais tumultueusement, comme
les poules de l'étable, où elles ont passé la nuit; cependant, malgré
leur physionomie grave et recueillie, en dignes commères, elles n'en
éprouvent pas moins le besoin de tailler, dès le saut du lit, de petites
« bavettes » qui se poursuivront jusqu'à l'heure de la retraite. Ces ja-
series se traduisent par une succession de notes gutturales et sacca-
dées, dans lesquelles on surprend plus d'une demi-douzaine d'into-
nations, très distinctes, qui ne s'interrompent que pour arracher un
brin d'herbe d'un mouvement sec et nerveux; cet échange de leurs

impressions se module à distance en une sorte de bourdonnement. Seul le jars à l'organe éclatant, que jamais son appétit ne détourne du soin de veiller à la sûreté de sa troupe, ne cesse pas de se faire entendre, tantôt signalant un coin où le pacage est plantureux, tantôt défiant par quelque clameur provocatrice les ennemis qu'il se suppose.

Si quelque passant se dirige du côté de la bande, l'avertissement est immédiat et répété par les compagnes; si le trouble-fête est redoutable, si c'est un renard et même un chien, le mâle fait entendre son *clangor*, que les anciens comparaient aux sons du clairon; toute la bande fait chorus et s'enfuit en voletant à la suite de son chef, puis se rassemble avec d'autres cris différant encore des premiers. Si l'ennemi n'est pas de taille à rendre toute lutte impossible, si c'est une femme, un enfant, au lieu de sonner la retraite, le jars s'avance intrépidement à sa rencontre; son long col replié en forme d'S, le bec menaçant, il fait alors entendre une sorte de sifflement strident rappelant celui des serpents. On dit que le vocabulaire de certains naturels de la Polynésie ne comprend pas plus d'une centaine de mots; celui des oies en comprendrait la moitié que nous n'en serions pas étonné.

XXXII

La huppe ou put-put. — Comment on a justifié le sobriquet. — Oiseau éducable.
Histoire de deux huppes.

Il existait dans la Grande Armée un officier qui, malgré de sérieux
mérites et une extrême bravoure, ne parvint jamais à dépasser le
grade de colonel; ce fut beaucoup moins parce qu'il passait pour avoir
tiré sur Robespierre prisonnier le coup de pistolet qui brisa la mâ-
choire du triumvir, — dans la tourmente, les tragédies se succédaient
si rapidement qu'on en oubliait bientôt les détails, — qu'en raison
des désinences fâcheuses auxquelles se prêtait le nom de Merda, qu'il
avait eu la malchance de recevoir de ses parents. Je veux vous entre-
tenir d'un très bel oiseau, prédisposé à la familiarité par son aimable
caractère, la huppe; auquel l'injurieux sobriquet de put-put, qui lui
est décerné dans les campagnes, a mérité une répulsion qui rappelle, d'un peu loin, les mésaventures de l'ancien gendarme de la
Convention.

Son malencontreux surnom lui a été donné en raison de l'odeur
fétide qui s'exhale, assure-t-on, de sa personne; cette odeur, on l'at-
tribue aux matières stercoraires que la huppe fait entrer dans la
composition de son nid et dont le plumage des petits resterait imprégné. J'ai tué quelques huppes aux ouvertures de la chasse, j'en
ai élevé de vivantes, dont la plupart, récemment enlevées à leur berceau
nauséabond, devaient en avoir plus fortement retenu les parfums, et
je dois déclarer que jamais, ni mortes ni vivantes, elles n'ont désa-

gréablement offensé mes nerfs olfactifs, ayant probablement passé
par le hammam de leur espèce. Il m'est arrivé trois fois de découvrir
des nids de huppes, un entre autres dans l'excavation d'un saule ver-
moulu, dans une île de la Marne; j'ai eu la curiosité de procéder à
leur inventaire en prenant les précautions requises par la délicatesse; ils étaient composés d'herbes sèches, de feuilles et de paillis
avarié; j'y ai vainement cherché l'étrange mortier pour lequel on at-
tribue à cet oiseau une prédilection très spéciale.

Je dois reconnaître cependant qu'ils n'embaumaient pas précisément; leurs bords, assez élevés, n'en rendaient pas commode la sortie
même partielle de l'arrière-train des petits; ils étaient pleins du
résidu de leurs digestions et d'un aspect comme d'une senteur assez
repoussante; mais, enlevées de leur domicile, les petites huppes ne
sentaient ni plus ni moins mauvais que de jeunes merles ou de jeunes
geais, et la beauté de leur plumage, les magnificences de l'aigrette
dont ils se couronnent à leur gré pourraient en rendre les éducations
plus fréquentes.

Les huppes devraient d'autant mieux tenter les amateurs que peu
d'oiseaux se familiarisent plus facilement avec l'homme, et que je
n'en connais pas qui s'attache plus rapidement à celui qui l'adopte.
Son excessive timidité est probablement une des causes de la sponta-
néité avec laquelle elle rallie l'homme, le grand protecteur quand il
n'est pas le bourreau. Brehm, qui a étudié les huppes en Égypte, où
elles abondent, affirme qu'elles placent leurs nids dans les trous des
vieux murs, dans le voisinage des habitations. Il ajoute même que,
dans ce pays, elles utilisent pour la construction de ces nids l'étrange
et dégoûtant élément dont nous avons parlé. Son absence dans les
constructions de ce genre que nous avons visitées dans notre pays
indiquerait donc la toute-puissance contagieuse de la civilisation, puisqu'un humble oiseau n'y serait pas réfractaire.

N'ayant jamais professé qu'un goût des plus modérés pour les oiseaux en captivité, je n'avais pas songé une seule fois à ravir aux
petites huppes que contenaient mes trouvailles le libre usage de leurs
ailes. Le hasard m'amena à compter sur ce point avec mes répu-

gnances. Une fillette du voisinage avait acheté d'un gamin dénicheur deux petites huppes déjà bien couvertes de leurs plumes; elle les élevait avec autant de sollicitude que de naïveté en les nourrissant de pain émietté dans du lait, de cerises et de fraises, les vouant ainsi au cruel supplice de la faim.

Pris de pitié à la vue de ces malheureux oisillons déjà tout alanguis, je les demandai à leur jeune propriétaire qui consentit à me les céder. Mon premier soin fut de les sortir de leur petite cage déjà polluée comme

La huppe.

le nid familial, et puis je les soumis à un régime plus approprié à leur qualité d'insectivores; je leur offris de très fines lanières de cœur de bœuf affectant la forme de petits vermisseaux; mes nouvelles pensionnaires les ingurgitèrent goulûment, en personnes dont le gésier crie famine.

J'étais fixé sur l'ordinaire qui leur convenait et je continuai de le leur servir en le variant de temps en temps par un petit plat de grosses mouches, de scarabées débarrassés de leur corsage et de leurs élytres, des friandises. Dès le second jour, j'étais évidemment accepté comme père adoptif : il suffisait que j'entrasse dans la chambrette où mes élèves avaient été parquées pour qu'elles agitassent leurs ailerons et ouvrissent le bec. Au bout d'une semaine, elles se comportaient comme des enfants bien apprivoisés reconnaissants. Quand, après leur repas, je me dirigeais vers la porte, elles quittaient le coin dans lequel elles gîtaient d'ordinaire, et me suivaient en manifestant l'intention de m'accompagner plus loin. Un jour, la porte étant restée un instant entre-bâillée, elles en profitèrent; je les aperçus marchant pas à pas derrière moi et je pus parcourir toute la maison avec cette singulière escorte.

Devenu de plus en plus confiant, au bout de quelque temps, je me laissai suivre dans le jardin, et bien que leurs ailes fussent alors parfaitement en état de les soutenir, elles ne manifestèrent pas une seule fois l'intention de me fausser compagnie.

Ce fut dans ces premières expériences des instincts de fidélité de ces oiseaux que je fus à même d'observer combien ils étaient timorés. Un jour que mes huppes m'avaient suivi dans mon cabinet où quelques oiseaux de proie figurent empaillés sur les murs, mes élèves ne les eurent pas plus tôt aperçus que la déroute fut complète; l'un d'eux se réfugia sous un meuble, l'autre, plus terrifié peut-être, sauta sur mes genoux et, glissant entre mes doigts, vint se cacher tout entier sous ma veste. Leur instinctive frayeur pour les carnassiers n'était pas moins grande; à la vue d'un chat, ils cherchaient toujours à se dérober; cependant ils avaient fini par s'habituer à la présence d'une petite chienne qui, à cette époque, ne me quittait guère, et ils ne manifestaient pas la moindre appréhension quand elle s'approchait d'eux.

J'ai conservé ces aimables commensaux pendant quatre mois, de plus en plus émerveillé de leur égalité d'humeur, de leur gentillesse et de l'attachement qu'ils manifestaient pour ceux qui les avaient ravis à la liberté. Ils eurent, hélas! la fin malheureuse de tant d'êtres sauvages dont nous violentons les instincts en les introduisant dans notre vie factice. L'un d'eux, le mâle, disparut au commencement d'octobre, sans que j'aie pu savoir s'il était devenu la proie de quelque chat, ou si, comme je le souhaitais ardemment, il était allé rejoindre son espèce dans les contrées heureuses où l'appelle tous les ans le soleil. La femelle, extrêmement frileuse, avait pris la redoutable habitude de vivre au coin de la cheminée et, le feu éteint, de se coucher sur les cendres. Un matin on la trouva calcinée dans le foyer. L'idéal, en matière d'apprivoisement d'oiseaux, serait de les familiariser avec nous en respectant leur indépendance, et cela ne nous paraît pas chimérique.

XXXIII

La fin d'un vieux serviteur. — Une querelle de ménage. — Un service d'ami.

La semaine dernière, dans une promenade matinale à travers les champs, j'ai été témoin d'un petit drame très émouvant, en contradiction avec l'insensibilité qui caractérise généralement les paysans. A travers la buée nacrée qui montait du vallon dont je suivais le faîte, j'avais aperçu au bas de la colline une charrette chargée de foin, à demi renversée et les brancards en l'air; devant elle, sur le bord du chemin, un cheval dételé et étendu, — et je m'étais dirigé vers cette épave de quelque naufrage agricole.

L'animal, couché sur son côté droit, le col et la tête allongés sur l'herbe des bas côtés, ne faisait pas un mouvement; cependant il n'était pas mort, mais l'inflexion anormale de sa jambe gauche de devant était déjà fortement tuméfiée et, couverte de profondes écorchures, indiquait qu'elle était brisée à une dizaine de centimètres au-dessus du genou. Il n'y avait personne sur le théâtre de l'accident, mais il était facile de le reconstruire : trop chargée en descendant un raidillon presque à pic, la pauvre bête devait s'être abattue et, chassée par le poids de la charrette, elle avait probablement été traînée jusqu'au bas de la pente, car en dehors de sa fracture, on remarquait sur son épaule et sur ses flancs de larges éraflures sanguinolentes.

C'était un vieux serviteur et un serviteur de pauvre. Il était maigre,

presque décharné, les côtes et les hanches faisaient saillie sur la
peau; les meurtrissures du collier avaient, de longue date, laissé
leurs traces sur l'encolure, qui, à la hauteur des épaules, était comme
marbrée de noir et de rose, honorables stigmates de longs et péni-

—

C'était un vieux serviteur et un serviteur de pauvre.

bles travaux. Les vieux chevaux m'ont toujours inspiré une profonde sympathie; je ne crois pas qu'il y ait un seul animal dont
la destinée soit aussi triste. Quelque valeur qu'on ait attachée à leur
possession, quelques services qu'ils aient rendus à leurs maîtres, il
est bien rare qu'il se rencontre un de ceux-ci pour épargner à la
bête vieillie ou déformée le cruel martyre par lequel elle devra
conquérir son droit à l'abattoir.

La situation de celui-là devait donc me toucher; ne me faisant aucune illusion sur le dénouement qui lui était réservé, je voulus procurer du moins une dernière jouissance à ce condamné; j'arrachai
dans la pièce voisine quelques tiges d'avoine verdoyante et je les jetai
devant lui. Le cheval les flaira bruyamment, allongea les lèvres sans
quitter sa position et en saisit une poignée qu'il mâchonna. Tout à
coup, il releva brusquement la tête, redressa ses oreilles, lâcha les
tiges d'avoine et jeta ce hennissement clair et vibrant par lequel le
cheval salue un ami. En me retournant, je vis un homme et une
femme descendant la colline à grands pas, et en discutant avec vivacité.

C'était le père Bosse, un très petit cultivateur du village, et sa
femme, et je me rappelai alors que l'équipage et le vieux cheval
leur appartenaient. La mère Bosse pleurait à chaudes larmes; les
yeux de l'homme étaient secs, mais il était singulièrement pâle, de
cette pâleur spéciale aux visages hâlés et qui donne à la peau la
couleur grisâtre de l'argile; en même temps, l'émotion qui l'agitait
se révélait à deux plis profonds aux coins de ses lèvres minces. Au
son de cette voix amie et à l'approche de son maître, le cheval avait
fait un effort désespéré pour se relever, il s'était assis sur les jar-
rets; mais le point d'appui de l'avant-main sur la jambe droite ne
suffit pas à le maintenir en équilibre, il retomba sur le côté, allongea de nouveau la tête en faisant entendre ces han! han! sourds
et répétés qui sont les gémissements de son espèce. Le père Bosse
s'était agenouillé et flattait de la main le front de sa bête qui fixait
sur lui ses yeux avec une indicible expression; il me raconta briè-
vement son malheur qui était bien tel que je l'avais supposé et il
continuait :

— Ah! pour une bonne bête, je peux dire que c'en était une,
aussi doux qu'il était vaillant; il me léchait la figure quand je lui
jetais sa botte, et même lorsque la charge était trop lourde, jamais
je ne l'ai vu bouder! Il y avait seize ans qu'il peinait avec moi. Tout
vieux qu'il était, je ne l'aurais pas donné pour cent écus! Et dire
qu'à présent il ne me reste plus qu'à l'abattre.

Le bonhomme avait prononcé ces derniers mots avec l'accent d'un déchirement sincère; mais en les entendant, la femme, dont les sanglots étaient devenus de plus en plus bruyants, s'était élancée vers lui :

— L'abattre! s'écria-t-elle de sa voix glapissante; que parles-tu de l'abattre, vieux propre à rien? Qui l'a mis dans cet état-là? Si tu l'abats, l'équarrisseur ne voudra jamais croire à un accident; il te dira qu'il ne veut pas de ton cagnon parce qu'il est crevé, et ce sera tout juste si, au lieu des vingt écus qu'il vaut pour la boucherie, il donnera une douzaine de francs pour sa peau, avec ses déchirures! Laisse-le tranquille, je te dis!

Le mari qui, malgré un tremblement dans la voix indiquant une agitation intérieure, semblait avoir conservé son calme, lui répondit que, d'abord, dans l'état de maigreur du vieux cheval, on n'en donnerait jamais les soixante francs sur lesquels elle comptait, puis que l'équarrisseur, qui demeurait au Chesnay, ne viendrait au plus tôt que le lendemain, peut-être le jour d'après.

— Et si tu t'es figuré, continua-t-il, que pour avoir cent sous ou dix francs de plus de sa pauvre peau, je vas laisser mon pauvre Poulot suer son agonie, jusqu'à ce qu'il plaise à ton équarrisseur de se déranger, il faut que tu sois fièrement godiche. Je ferai pour lui ce que je voudrais qu'on fît pour moi, si j'étais à la place de la bête! Aussi vrai que Jean-Pierre Bosse est mon nom, et que cela plaise ou non à la femme de chez nous, tu ne sentiras bientôt plus la morsure des taons, va, mon vieux Poulot!

Mais, bien que la fermeté avec laquelle son homme avait parlé indiquât une résolution irrévocable, la mère Bosse ne se rendait pas, piaillant d'une voix de plus en plus aiguë comme si elle s'enivrait elle-même de son verbiage. Le triste débat s'envenima. Du reproche d'avoir causé l'accident du patient par sa maladresse, du tableau pathétique des conséquences que cette perte aurait pour eux au moment même de la moisson, elle passa aux injures, puis aux défis. L'homme ne répondait pas, mais sa figure devenait de plus en plus sombre; le pli de ses lèvres se creusait davantage, et je le voyais promener autour de lui des regards fiévreux. Tout à coup, il s'élança dans la direction d'un énorme moellon qui, à quelques pas du théâtre de la scène, servait de borne provisoire entre deux parcelles.

La femme qui avait deviné ses intentions l'avait suivi, toujours criant et vociférant, et, au moment où il se baissait, elle s'accrocha désespérément à sa ceinture; mais, d'une brusque secousse, le père Bosse, se dégageant, l'envoyait rouler à quelques pas dans l'avoine; alors, avec une vigueur dont je ne l'aurais pas cru susceptible, il souleva l'énorme pierre, revint en courant et en la brandissant au-dessus de sa tête, et, au moment où le cheval présentait son front comme pour implorer encore une caresse, le moellon, s'abattant, brisa le crâne du malheureux animal qui, se renversant sur le dos avec un souffle rauque, battit un instant l'air de ses trois pieds valides, puis s'allongea dans ses suprêmes convulsions. Le vieux serviteur ne souffrait plus.

Tandis que la femme remontait la colline en adressant de nouvelles imprécations au père Bosse, celui-ci s'était assis sur un tertre vis-à-vis du cadavre du cheval, sur les naseaux duquel couraient encore de légers frissons; il ôta son vieux chapeau de paille, et passant la manche de sa blouse sur son front, il essuya la sueur dont il ruisselait. Ce geste, en découvrant le haut de son visage, me laissa voir deux larmes qui s'arrêtaient au bord de ses paupières.

— N'ayez pas de honte de pleurer, mon père Bosse, lui dis-je en lui serrant la main; des larmes de reconnaissance et de pitié honorent toujours celui qui les répand.

XXXIV

Le gagne-pain du petit Savoyard. — Les funérailles d'une marmotte.

Il est des gloires qui s'effacent, qui disparaissent sans que personne s'en soucie, sans que nul s'en aperçoive; la gloire de la marmotte est de celles-là. Elle a eu ses jours de célébrité comme gagne-pain du petit Savoyard. Conquête du père qui, toute petite, l'avait enlevée au terrier maternel, elle représentait le trésor que l'enfant emportait de la montagne, l'unique viatique qui allait le nourrir pendant les centaines de lieues qu'il aurait à franchir pour arriver à la grande ville et encore lorsqu'il y serait arrivé. Ils voyageaient de compagnie, lui, sur ses pauvres petits pieds, bientôt endoloris, elle dans une boîte garnie de foin sur le dos de son compagnon. Quand on entrait dans un village, la marmotte était sortie de son réduit et le Savoyard, la tenant sur son bras, exhibait « la marmotte en vie ». Quelquefois, il avait le renfort d'une vielle, et la bête était dressée à mimer, assise sur sa queue, une sorte de danse de l'ours. La curiosité valait toujours quelques petits sous à l'émigrant. L'enfant et son animal vivaient de ces miettes, et les petits pas de ces petites jambes ne finissaient pas moins par amener leur propriétaire à Paris.

Tout cela, c'est de l'histoire ancienne; la marmotte est devenue aussi légendaire que Fanchon la Vielleuse, il faut aller au Jardin d'acclimatation pour la rencontrer. L'enfant descend toujours de ses montagnes, mais il y laisse l'ermite des sommets glacés; il doit compter sur ses bras plus que sur la curiosité compatissante. Cela n'en vaudrait que mieux si, trop souvent, il n'était pas la victime de quelque trafiquant de chair humaine qui l'exploite lui-même, comme jadis ses devanciers exploitaient leurs bêtes, et, en somme, le pittoresque de la mendicité a perdu quelque chose à la disparition de la marmotte et de son inséparable compagnon.

Il y a de cela bien des années, alors qu'on les rencontrait encore, je regardais le jardinier fouiller le jardin paternel, lorsqu'un de ces petits montagnards, un enfant d'une dizaine d'années, s'arrêta devant la grille. Il était comme les autres vêtu de bure brune, éli-

La marmotte en vie.

mée, rapiécée par places avec de la toile ; mais lorsqu'il ôta son vieux feutre jauni et le tendit, je fus frappé de l'altération de son visage. Ses grands yeux bruns étaient encore humides, ses paupières rougies et tuméfiées, et le long du nez les larmes avaient tracé leur sillon sur des joues imparfaitement décrassées. Après avoir reçu mon offrande, il resta immobile et silencieux. Cette insistance muette agaça le jardinier. Les serviteurs sont souvent hargneux envers les pauvres. Les poules mêmes, largement nourries, pourchassent les moineaux qui viennent glaner leurs restes.

— Qu'est-ce que tu attends, *feignant!* s'écria l'homme d'une voix rude.

Et comme le petit ramenait devant lui la boîte qu'il portait en ban-
doulière, il ajouta :

— Nous la connaissons, du reste, ta bête; elle est presque aussi vi-
laine que toi!

Le Savoyard n'en avait pas moins levé le couvercle; la marmotte
était étendue sur le dos, mais raide, les yeux atones; une écume san-
guinolente frangeait ses mâchoires convulsées; elle était morte. Les
pleurs coulaient de plus belle des yeux du petit toujours silencieux.

— Pauvre garçon, lui dis-je, tu l'aimais bien, ta marmotte?

Il fit oui de la tête et il ajouta :

— Elle était venue du pays avec moi.

A l'âge que j'avais, j'étais loin de disposer d'assez d'argent pour
proposer au malheureux de remplacer la défunte, mais je n'en portai
pas moins la main à ma poche qui contenait encore quelques pièces de
monnaie. Le Savoyard avait vu le geste; il fit un signe de tête négatif.

— Que veux-tu donc? lui demandai-je.

— Je voudrais que ce bon monsieur me creuse un trou où je puisse
la mettre. Le jardinier éclata de rire.

— Vends sa peau, lui dit-il, cela te servira à dîner. »

Je lui imposai silence et, prenant moi-même la bêche, je fis ce que
le petit montagnard avait désiré. Quand la fosse fut assez profonde,
il y déposa la boîte et son contenu, et nous entr'aidant, lui de ses
mains, moi de l'outil, nous fîmes tomber la terre sur les restes de
son amie. Il me remercia en s'efforçant de sourire à travers ses pleurs;
il s'éloigna la tête basse et je le suivis du regard jusqu'à ce qu'il eût
disparu à l'angle de la route.

L'impression que m'a laissée ce témoignage de la piété dans l'amitié ne s'est jamais effacée. Bien des années ont passé sur ma tête et
la physionomie éplorée du petit Savoyard, mendiant une sépulture
pour la bête qu'il ne pouvait pas ramener à la montagne, est restée
dans mes souvenirs aussi vivante que le lendemain de la scène.
Pourrir dessus, pourrir dedans, peu importe? — Peut-être; qui sait
si les atomes de ceux qui se sont aimés ne réussissent pas à se rejoindre quand ils sont réunis au sein de la mère commune?

XXXV

Chiens et chats. — Fidèle après la mort.

Les chiens comptent incontestablement beaucoup plus d'amis que les chats; cependant, si nous en jugeons par les correspondances nous exposant les faits et gestes méritants de la race féline, nous estimons que celle-ci peut peut-être se vanter de posséder les partisans les plus passionnés.

Cela ne nous étonne que médiocrement. Le chien se donne toujours tout entier à celui que le sort lui impose pour maître et qui, après bien peu de temps, résumera pour lui l'univers dans son entier. Avec cette originalité qui jamais ne transige, l'humeur indépendante de son tempérament, le chat n'accorde son amitié qu'à celui qui la conquiert, ce qui n'est pas toujours facile, les bons traitements, la prodigalité des friandises, dont le mou représente la plus appréciée, n'y suffisant pas toujours. Cette conquête doit, en raison même de ses difficultés, tenter les esprits enclins à philosopher. En sa qualité de contribuable, le chien est encore un pensionnaire de luxe, ce qui écarte de lui la grande armée des humbles; elle s'adresse au chat, qui n'en est pas encore là, bien qu'il ne faille désespérer de rien.

Pour ne pas se livrer spontanément, l'affection du chat n'en est pas moins susceptible de solidité; les exemples ne manquent pas et nous venons d'en avoir encore un sous les yeux.

Une fillette de notre voisinage possédait un chat d'un extérieur assez vulgaire, mais qui manifestait pour elle un attachement qu'un chien n'eût pas désavoué. Ne la quittant pas plus que son ombre, il l'accompagnait aux champs, la suivait sans cesse du regard dans ses travaux de l'intérieur, dormait sur le pied de son lit et ne voulait accepter de nourriture que de sa main, ce qui est chez la race féline, — chez quelques autres également, — la moins banale des manifestations de la tendresse. Il y a deux mois, la jeune fille, depuis long-

Chiens et chats.

temps minée par une de ces maladies qui ne pardonnent pas, fut forcée de s'aliter. Je n'ai pas besoin de dire que le chat ne s'éloigna pas plus d'elle que lorsqu'elle était bien portante; toujours couché à sa place ordinaire, il s'approchait de temps en temps, avec des précautions infinies, pour solliciter une caresse de la main blanche et décharnée que son amie étendait sur la couverture.

La pauvre enfant, — elle avait dix-huit ans, — mourut. On chassa l'animal de la funèbre couche; mais celui-ci mit un tel acharnement à y revenir que la mère, qui se rappelait combien sa malheureuse fillette avait aimé cette bête, en fut touchée et commanda qu'on la laissât tranquille. Elle resta donc près du cadavre jusqu'au moment des derniers apprêts. De dessous le lit, où elle s'était alors réfugiée, elle vit donc emporter le cercueil dans lequel son amie dormait pour jamais, mais n'essaya pas de le suivre.

Cependant, vers le soir, un parent arrivé tardivement pour les funérailles voulut déposer au cimetière une couronne qu'il avait apportée. A sa grande surprise, à celle du fossoyeur, qui le guidait, tous deux aperçurent, sur la terre fraîchement remuée de la tombe, un chat que le premier reconnut parfaitement. A leur approche, l'animal s'enfuit, sauta le mur et gagna les champs.

Ceci, nous l'avons dit, se passait il y a deux mois; depuis lors, on n'a jamais revu le chat dans la maison de la morte. A-t-il été fusillé par un garde ou par un chasseur? S'est-il laissé crever de misère et de faim plutôt que de revenir au gîte dont celle qui en était l'attrait avait diparu? A-t-il tout simplement remplacé par une autre amie celle qui venait de lui être ravie? Nous n'en savons rien.

Toujours est-il que cette disparition au moins singulière, puis l'exemple d'un cheval ayant quitté son herbage pour venir errer deux jours de suite sous les fenêtres d'une maison dans laquelle son maître venait de rendre le dernier soupir, ont un peu ébranlé une de nos convictions les plus fermes : celle que la bienfaisante nature s'est refusée à initier les animaux aux lugubres réalités de la mort. Cette nature, en permettant que leurs cœurs s'ouvrissent quelquefois à la tendresse pour l'être humain, a-t-elle voulu soulever au profit de ces privilégiés un coin du voile qui doit leur cacher le sombre dénouement des destinées de toutes les créatures?

XXXVI

Le canard est certainement un des plus agréables objectifs que puisse rencontrer un chasseur; mais comme dans l'indépendance il échappe à peu près complètement à nos observations, il nous paraît encore plus intéressant de l'étudier dans sa vie domestique. Comme le porc, il était certainement prédestiné à la servitude par sa goinfrerie et il joue un peu le rôle de ce quadrupède de la basse-cour. Rien qu'à la majestueuse béatitude avec laquelle, se ramassant sur lui-même et ployant son col, il repose son bec sur sa panse amenée à un degré de rotondité respectable, on devine qu'il a fait son dieu de cette panse comme le cochon de son ventre.

Cependant nous n'avons pas le droit de lui reprocher ce don de voracité si essentiel chez tous les préposés à la salubrité publique dont il est un agent très actif. L'oiseau engloutit moins que son collègue le quadrupède, son estomac étant moins vaste, mais il a sur lui l'avantage d'une locomotion plus facile, de facultés digestives encore plus complaisantes et il l'égale en bonne volonté. Tout lui est bon, grains, chair, poissons, insectes, proie morte ou vivante. Nous avons vu un canard avaler une petite souris toute frétillante. L'ingurgitation parachevée, il remuait la queue avec satisfaction, disant probablement à son gésier :

— Arrange-toi comme tu voudras, cela n'est plus mon affaire!

La corruption ne le déroute pas davantage; il barbote dans la fange, il triture les immondices avec une volupté évidente. Quand on le voit, pendant des heures

L'arrivée des canards.

entières, faisant clapoter l'infect jus de fumier entre les spatules de son bec, on est amené à supposer qu'il les expurge d'animalcules invisibles dont nous avons profit à être débarrassés.

Où le canard se sépare très nettement du compagnon de Saint-Antoine, c'est dans le souci de la propreté et le soin de sa personne. S'il aime la bourbe autant au moins que celui-ci, il tient du moins à n'en pas conserver sur lui la moindre trace, et, même moralement, le monde n'en exige pas davantage. Il apporte aux ablutions qui succèdent aux repas la régularité d'une petite-maîtresse, se lavant soigneusement les pattes et le bec, puis profite de l'occasion pour réparer le désordre de sa toilette et lustrer son habit. De tous les buveurs d'eau, il est le plus altéré et l'excellence de son caractère inflige un démenti à la méchante réputation que l'on prête à ses confrères.

Entre tous les hôtes de la basse-cour, il n'en est pas dont la physionomie soit plus expressive; cela peut tenir un peu au développement exagéré de la protubérance nasale représentée par le bec, mais bien davantage au regard reflétant assez souvent une certaine malice; ce sentiment, l'œil, relativement petit, le traduit très clairement lorsque l'oiseau vous considère obliquement en tournant et virant sa grosse tête. En pareil cas, je me le représente volontiers comme un philosophe pratique, discernant parfaitement le but intéressé des soins que nous avons de lui, mais qui, en franc épicurien, trouve plus sage de jouir d'aujourd'hui que de s'inquiéter de demain.

Avec les oies, les canards sont certainement les habitants les plus originaux de la basse-cour; en raison de leur insatiable gloutonnerie et des expédients qu'elle leur suggère, ils en représentent l'élément ré- créatif. Peut-être leur ralliement plus tardif leur a-t-il permis de con- server quelques traces des instincts de l'indépendance; ils nous pa- raissent plus intelligents que les poules; leurs femelles ne se résignent pas comme celles-ci aux cueillettes faciles que notre goût pour les œufs se ménage. Elle se cache le mieux qu'il lui est possible pour pondre et ne revient pas toujours au nid qu'elle a choisi quand elle s'aperçoit qu'on lui a dérobé ses œufs. Elle tient aussi à nous prouver que nous avons tort de nous méfier de son aptitude à la fabrication des canetons et, après avoir pondu à l'écart, elle couve laborieuse- ment, puis un beau jour on la revoit apparaître ramenant triompha- lement sa nichée.

Éclectique en matière d'hyménée, polygame à l'occasion, le canard passe en outre pour s'abandonner quelquefois aux détestables procé- dés dont le dieu Saturne usait vis-à-vis de sa progéniture. Person- nellement nous n'avons jamais eu d'exemple d'aucun canard poussant jusque-là le dérèglement de son formidable appétit; mais nous avons toujours trouvé les mâles un peu rudes pour la jeunesse qui frétillait sous les ailes de leurs épouses.

En revanche, un vieux canard, que les circonstances avaient réduit à la monogamie, s'est montré devant nous digne de servir de modèle à tous les époux. Sa femelle ayant disparu, nous supposions qu'elle était devenue la proie de quelque carnassier, lorsque nous remar- quâmes que le mâle s'absentait régulièrement tous les jours, aux

La chasse aux canards sauvages.

mêmes heures, de la mare où il prenait ses ébats. On le guetta et on découvrit qu'il s'en allait dans le bois, à près de deux cents mètres de son habitation, relayer sa compagne sur le nid, pendant que celle-ci cherchait sa nourriture dans les alentours.

Nous possédons d'assez nombreuses variétés de canards dérivant pour la plupart du canard à col vert. De tous les canards domestiques, l'espèce dite de Rouen est la plus recherchée en France. Si vous faites passer la délicatesse de la chair avant le volume, nous vous recommanderons le petit canard noir du Labrador qui vous fournira un manger exquis après avoir fort agréablement orné vos pièces d'eau, car son plumage aux reflets métalliques en fait un fort bel oiseau.

L'élevage du canard se pratique un peu partout, mais particulièrement dans le Languedoc et en Alsace, c'est-à-dire dans les centres de l'industrie des foies gras. Ce développement exagéré de l'organe est tout simplement une maladie, la cachexie hépatique, déterminée artificiellement en tenant l'animal dans l'obscurité et en le gorgeant trois fois par jour d'une bouillie de maïs ; deux semaines, trois au plus, suffisent à l'opération.

XXXVII

Le proscrit des proscrits. — Le crapaud et ses misères. — La femme impitoyable à la laideur.

Nous ne croyons pas que parmi les milliers d'êtres qui constituent la création, il en existe un seul qui, plus que le crapaud, ait eu à souffrir de la légèreté de notre esprit et de l'inconséquence de notre jugement. Ils sont bien rares ceux de son espèce qui sont sortis sains et saufs d'une rencontre avec l'un de nos semblables. Nous n'avons cependant pas à reprocher à cet infortuné batracien le moindre attentat à nos propriétés sacro-saintes; il respecte nos grains, et nos fruits ont en lui un défenseur aussi zélé que modeste. Sa laideur, voilà l'unique prétexte des cruautés sans nombre dont il est l'objet. Qui sait, cependant, si, au point de vue de l'esthétique des crapauds, il ne se trouve pas fondé à nous renvoyer le reproche? Et puis, en somme, il aurait, lui aussi, à nous dire qu'il nous est infiniment plus facile de nous habituer à ses imperfections, qu'il ne le serait à lui de les modifier. Enfin, nous devons reconnaître que la nature s'est arrangée de manière que ce reptile gnôme n'offensât que rarement notre délicatesse; il ne quitte ses retraites qu'aux heures crépusculaires où tous les chats sont gris, où il se confond lui-même avec sa sémillante commère la grenouille.

Comme cela arrive si souvent, les poètes ont surenchéri sur les préjugés de la masse irréfléchie. Milton veut que l'honnête crapaud qui n'a jamais persécuté que les moucherons et les limaces soit un emblème de l'esprit du mal; Shakespeare le traite plus sévèrement encore; chez tous les autres il devient une sorte de personnification de l'horreur.

Crapaud à l'arrêt.

Comme si ce n'était pas assez, la superstition, cette poésie des fous ou des imbéciles, s'en est mêlée à son tour; elle commence

par le faire figurer dans tous ces ragoûts diaboliques qu'elle appelle
des philtres; mais elle veut qu'il serve à l'occasion de doublure au
souverain des enfers; elle lui fait présider le sabbat aux lieu et place
de son président de droit empêché. L'acharnement contre cet inoffensif ermite des vieux murs va si loin qu'il fut un temps où un
mouvement de compassion trop accentué pour son infortune eût pu
vous conduire au bûcher!

Nous ne sommes plus aussi simples sans doute, mais nous n'en
sommes que plus coupables, puisque l'effet survit à la cause et que,
ne considérant plus le crapaud comme une émanation de Satan, nous
ne le traitons pas avec moins de rigueur que ceux qui voyaient en
lui un suppôt de l'enfer.

Nous le constatons à regret, cet entêtement dans une sotte injustice est œuvre féminine. L'enfant, voilà l'ennemi implacable du batracien, et presque toujours c'est la mère qui le façonne à cette guerre
sans merci. La femme a peur du serpent, elle en a rarement l'horreur; son aversion, sa haine se sont concentrés sur cet autre reptile,
dont le corps lourd et ramassé, la peau livide et verruqueuse,
la marche lourde et pénible ont provoqué chez elle un profond dégoût,
et ce sentiment s'est profondément inculqué dans l'esprit de sa progéniture.

Si, dans les promenades du soir, le bambin signale un crapaud
se traînant sur le sable de l'allée, elle saisit le bambin par la main
et l'entraîne avec des cris de poule effarouchée par un milan. La
leçon n'est jamais perdue. Si la rencontre se renouvelle lorsqu'il est
seul, le petit bonhomme, au lieu de s'enfuir, regarde curieusement
le monstre : il reconnaît qu'il est faible, sans défense, qu'il ne peut
pas même fuir, autant de raisons pour se montrer brave. Il ramasse
des cailloux, il lapide le paria, et désormais il lapidera tous ceux qui
se rencontreront sur son chemin.

Le grand argument que l'on invoque pour justifier cette iniquité
est tout simplement une nouvelle calomnie. On prétend que la morsure du crapaud est venimeuse, ce qui est une fable. Le crapaud ne
mord pas : on pourrait avoir le doigt pris entre ses lèvres sans qu'il

en résultât la moindre conséquence, attendu qu'elles ne sont munies d'aucune espèce de venin.

La seule défense que ce reptile puisse opposer à ses adversaires, il la trouve dans une liqueur blanchâtre et nauséabonde que sa peau sécrète lorsqu'il est irrité, mais qu'il n'a point la faculté de lancer au loin comme il a été prétendu. Un chien qui a saisi un crapaud dans sa gueule subit une salivation anormale; son malaise se prolonge pendant deux ou trois jours, mais il n'en meurt jamais. Nous le répéterons, cette sécrétion ne se manifeste que lorsque l'animal est sous l'impression de la terreur ou de la colère, et nous aurions à citer de nombreux exemples de crapauds apprivoisés que leurs maîtres tenaient dans leurs mains, caressaient sans que leur contact produisît le moindre effet.

Nous n'avons nullement la prétention de vous encourager à tenter une de ces éducations excentriques. Notre unique but est de réagir contre des répugnances qui se traduisent par des actes d'une inqualifiable barbarie. Laissons les crapauds dans les anfractuosités des vieilles murailles, dans les trous des saules, dans leurs lentes promenades nocturnes. Contentons-nous d'écouter cette note unique, si singulièrement douce et plaintive, qui est une des harmonies des soirées sereines de l'été, sans essayer d'entamer de plus intimes relations avec eux; mais, du moins, lorsqu'il nous arrive de les rencontrer, ne les assommons pas sous le fallacieux prétexte qu'ils sont vilains. Le crapaud nous rend de nombreux services, et l'être qui est utile ne devrait jamais paraître difforme à celui qui bénéficie de son concours.

XXXVIII

L'ouverture du glanage forestier. — Les boissières, leur uniforme, leur équipement.
Le lazzo et la serpe. — Il y a fagots et fagots.

Le 5 décembre a lieu une ouverture non moins agréable aux intéressés que l'est celle de la chasse, quoique ne s'adressant pas précisément au même monde; c'est celle de la cueillette du bois mort dans
la forêt. Elle commence à cette date pour se poursuivre un jour par
semaine pendant les mois de décembre, janvier et jusqu'au 15 fé-
vrier. Elle est une véritable fête, non seulement pour les nécessiteux,
mais pour une fraction considérable de la population ouvrière.

L'administration forestière, il faut le dire à sa louange, interprète
le plus largement possible les règlements régularisant ce genre de
glanage dans ses massifs; elle n'y regarde pas de trop près dans la
distribution des autorisations, jadis réservées aux seuls ménages ins-
crits à l'assistance communale, et c'est ainsi que dans le village où
nous habitons elle accorde de soixante à soixante-dix cartes à une
population de sept à huit cents âmes où les véritables indigents sont
fort rares.

Elle aurait grand tort de le regretter. Le chômage, conséquence
du froid, fait des pauvres dans de nombreuses corporations d'ouvriers,
et c'est un acte de justice sociale de ménager à ces travailleurs le
moyen de se procurer une joyeuse flambée qui, en réchauffant leurs
doigts engourdis, leur permettra d'attendre une éclaircie d'en haut
avec patience et résignation.

Aux femmes seules est réservé le privilège de ce glanage; elles éprouvent probablement une sorte de fierté à contribuer au bien-être du ménage en le fournissant de ce combustible, presque aussi pré-

Les « boissières ».

cieux que le pain. Ce serait le secret du goût qu'elles manifestent pour le métier de boissières, de la joie avec laquelle elles voient venir le jour où il leur est permis de l'exercer.

Nous le répétons, c'est une fête. Beaucoup de ces femmes, aussi ardentes que des chasseurs novices, devanceront l'aurore. Elles aussi,

elles ont un costume spécial pour ces sortes d'expéditions ; mais la
mode n'est pour rien dans sa détermination. On choisit ce qu'il y a
de plus fatigué, de plus déjeté, de plus avarié dans la pauvre garde-
robe, le corsage, le tricot le plus élimé, le plus abondant en crevés, le
jupon le plus effrangé, le plus émaillé de pièces omnicolores ; et vêtue
de ces haillons, coiffée d'un madras, chaussée de quelque vieille paire
de souliers, on obtient l'uniforme de la boissière ; quant à l'armement,
il consiste en un paquet de cordelettes ; quelquefois on y ajoute une
lanière de cuir, plus souvent quelques engins mystérieux.

Le plus grand nombre de ces femmes se livre isolément à sa quête.
Les anciennes, les chevronnées du métier vont très souvent par
petites bandes afin que la conquête de leur fagot prenne la couleur
d'une partie de plaisir. Celles-ci s'enfoncent généralement en fonds
de forêt ; là, la concurrence étant moins grande, les aubaines sont
plus multipliées ; et puis, on a plus de chances d'échapper à la surveillance des agents que ces dames redoutent ordinairement quelque
peu et pour cause. Le bois est ramassé, mis par paquets que l'on
rassemblera plus tard ; mais cela ne se passe pas sans entr'actes
consacrés à d'interminables causettes ; vers onze heures, on se rassemble, on s'assied au revers d'un fossé et l'on mange, en jasant de
plus belle, le frugal déjeuner que chacune a emporté ; on médit des
voisins, des voisines, mais surtout des forestiers !

Le forestier est l'ennemi-né de la boissière. N'a-t-il pas la noirceur de
la forcer à abandonner son fagot s'il y trouve des morceaux de bois
dépassant la circonférence réglementaire de 20 centimètres et de lui
enlever son autorisation, s'il la surprend en train de réaliser la conquête de quelque brin convoité à l'aide d'une serpe? La causerie se
poursuit d'autant plus implacable à l'égard des gardes que, quelques-
unes de celles qui y prennent part ne négligeant jamais de se munir
d'une petite bouteille pleine d'un mélange de café et d'eau-de-vie qui
passera à la ronde, le réconfortant breuvage a le double don de délier
les langues et d'exaspérer les rancunes. A les entendre, depuis le
conservateur jusqu'au plus modeste garde-cantonnier, il n'est pas un
seul membre de ce personnel qui ne soit bon à pendre.

Les boissières dédaignent absolument le bois mort qui, s'étant dé-
taché de lui-même, a séjourné longtemps sur
la terre. Imprégné d'eau, il fournirait certainement de la fumée, mais ne s'embraserait
pas souvent. Elles n'emportent guère que
celui qu'elles ont cassé, soit dans la cépée,
soit sur le tronc d'un arbre. Il n'en manque
jamais dans les taillis de douze à vingt ans,
puisque tout brin privé d'air et de lumière
se dessèche et meurt ; ces brins sont ordinairement d'une certaine longueur et ce sont
les plus recherchés ; les boissières s'en em-
parent au moyen d'un procédé renouvelé des

Une délinquante.

Gauchos ; elles lancent sur l'extrémité de ce gaulis une ficelle munie
à son bout d'un caillou ; cette corde s'enroule autour du bois, on tire
jusqu'à ce qu'on l'ait amené à portée de la main, et la femme et ses
compagnes réunissant leurs efforts et s'y suspendant au besoin, le
bois éclate à une à une certaine hauteur, laissant un long chicot que
les forestiers dénomment « un gibet » et que plus tard ceux-ci font
disparaître.

La serpe serait plus expéditive et ferait plus proprement la besogne ;
mais elle a de tels inconvénients qu'elle est sévèrement proscrite ; néanmoins, quelque rigueur que l'on déploie, la boissière y revient toujours.
Le monde des grinches, quand il dissimule l'outil à l'aide duquel il
recouvrera sa liberté, n'est pas plus ingénieux que nos bonnes femmes
quand il s'agit de cacher ce précieux outil. Nous avons vu un garde
forcé de conduire une délinquante à sa femme qui, seule, était en
mesure de saisir la serpe interdite sans outrager abominablement la
décence !

Nous avons autrefois lu, dans un antique almanach, qu'un gour-
mand malade d'une indigestion, mais dont l'appétit commençait à se
réveiller, avait été mis par son médecin au régime d'un œuf à la coque
et d'une unique mouillette. Sa femme se montrant intraitable dans
l'exécution de la prescription, il se fit confectionner un pain de deux

mètres de long, dans lequel il pensait à se tailler cette mouillette dans des proportions gigantesques.

C'est un peu l'histoire de nos boissières; l'administration limite leur droit à deux fagots, mais c'est bien là qu'il y a fagots et fagots, elles les confectionnent d'une taille donnant un éclatant démenti au cliché faisant de la faiblesse un apanage du sexe féminin. Quand nous les voyons passer courbées sous cet énorme faisceau de branchages, dont le sommet dépasse de plus d'un mètre la tête de la porteuse, dont l'autre bout se composant de brindilles terminales est adroitement replié sur lui-même de façon à ne pas traîner sur le sol, nous avons toujours peine à comprendre comment elles arrivent à soutenir de pareilles charges pendant des trajets de plusieurs kilomètres. Les visages traduisent rarement la fatigue, les physionomies expriment bien plus souvent une satisfaction joyeuse. La conscience d'avoir conquis, de rapporter un butin qui, n'ayant coûté que sa peine qu'elle ne fait pas entrer en ligne de compte, va rendre, pour quelques jours, son petit panache de fumée à la cheminée de la chaumière, lui communique cette vaillance. Ajoutons que la tolérance, s'étendant aux enfants de la famille, les petits trottinent ordinairement derrière leur mère, ayant eux aussi sur les épaules un fagot plus ou moins proportionné à leurs forces.

Les habitants des villages riverains des forêts trouvent certainement un soulagement sérieux dans le glanage du bois mort; mais ce n'est pas le seul bienfait qui leur soit réservé par la forêt, une grande aumônière comme la mer.

XXXIX

Les perroquets. — Croquis d'un oiseau captif. — Le perroquet de Brehm. — Celui d'A. Scholl. À ses contempteurs.

Le perroquet est le seul oiseau que nous puissions contempler dans une cage sans nous sentir aux prises avec un vif sentiment de commisération. Ce prisonnier est du moins un exotique qui, presque toujours, a passé de son berceau à la captivité et se trouve dans l'impossibilité d'en apprécier l'horreur. On le rendrait à la liberté qu'il ne saurait pas en jouir; il se trouverait placé entre l'alternative de tomber sous le plomb de quelque chasseur myope ou novice ou de périr misérablement de faim et de froid sous le climat inhospitalier où les hasards de sa destinée l'ont transporté.

Et puis le perroquet, quelle que soit son origine, qu'appartenant aux tribus africaines des *psittacus erythræus* il soit vêtu d'un gris rehaussé de quelques touches d'écarlate, ou qu'il se rattache à la nombreuse famille des *chrysotis* habillés de vert et coiffés de bleu ou de jaune, loin de protester contre la séquestration dont il a été l'objet, il semble au contraire s'y complaire; très souvent il manifeste une évidente sympathie pour le Mazas en fil de fer dans lequel il est enfermé, va volontiers le retrouver quand on l'en a sorti, s'y complaît, s'y prélasse, et c'est avec l'importante componction d'un bourgeois qu'il parcourt, pas à pas, les bâtons qui traversent son domaine ou s'accroche du bec et des griffes aux grillages lui servant d'enceinte.

Le perroquet est non seulement un captif singulièrement résigné, mais il se montre susceptible d'attachement et tout au moins d'aimables procédés pour l'un ou l'autre de ses geôliers. Lequel choisira-t-il pour en faire l'objet de ses bonnes grâces? Sur ce point, il est difficile d'établir une règle, car nous ne connaissons pas d'oiseau plus capricieux. J'en ai connu que leur maître entourait de soins et gorgeait de friandises; celles-ci, le pensionnaire les acceptait toujours, car la gourmandise est un de ses péchés capitaux, mais il y a probablement un peu loin de son estomac à son cœur, car

Le perroquet se montre susceptible d'attachement.

de cuisants coups de bec étaient constamment sa seule manière de témoigner à son bienfaiteur de sa reconnaissance.

Au contraire, sans cause préalable, l'oiseau s'attachera quelquefois d'une façon très caractérisée à un des commensaux qui ne lui a témoigné que des prévenances banales et, lorsque ce penchant se sera

affirmé, il ne laissera échapper aucune occasion de se manifester.
L'ami ou l'amie qu'il a adopté entre-t-il dans la pièce où il se trouve,
l'oiseau témoigne de sa joie en secouant sa grosse tête, en gonflant
son plumage, en piétinant sur place et surtout en murmurant *mezza
voce* les plus jolis traits de son répertoire.

C'est principalement par la jalousie que sa préférence se révèle;
celui qui en est l'objet s'avise-t-il de caresser ou de flatter de la voix

Le perroquet est tenace dans ses rancunes.

un autre animal, chien ou chat, il éclate en cris assourdissants qui ne
cessent que lorsque soi-même on renonce à la cause qui les provoque.
Ajoutons, pour compléter le portrait de l'oiseau, qu'il est étrangement
tenace dans ses rancunes ou dans ses animosités; la diplomatie la
plus savante et la plus patiente ne réussit pas toujours à les calmer.

Sous prétexte que le perroquet parle à la façon d'un écho et sans
jamais connaître le sens des mots qu'il prononce, certains écrivains
en ont médit et l'ont déclaré peu intéressant; nous croyons qu'ils se
trompent. D'abord, avec le temps et sous la seule pression de l'habitude, maître Jacquot place si judicieusement quelques-unes des phrases,
des mots, des interjections qui lui ont été serinés qu'il est difficile

d'admettre qu'il n'ait pas fini par en percevoir la signification. Qui n'a pas entendu un de ces oiseaux saluer un visiteur d'un « bonjour, Monsieur », ou d'un « bonjour, Madame » sans jamais se tromper sur le qualificatif auquel leur sexe leur donne droit; d'autres, appeler vigoureusement le patron par le cri de « A la boutique! » quand un client vient à pénétrer dans le magasin? Brehm cite un chrysotis dont le répertoire tenait une grande page, et il affirme que les demandes comme les réponses dont il se composait arrivaient toujours avec un irréprochable à-propos; le plus brillant de nos chroniqueurs, Aurélien Scholl, grand ami des bêtes, possède un perroquet dont la sagacité avec laquelle il place ses apostrophes émerveille sans cesse notre confrère, qui est cependant l'envers absolu d'un naïf.

Enfin si, comme nous le reconnaissons volontiers, il serait chimérique de rêver des succès d'orateur pour ce personnage, nous croyons que le développement, disons de son instinct pour ne froisser aucune susceptibilité, reste encore d'un intérêt très vif pour l'observateur.

De tous les oiseaux, le perroquet est le seul qui soit admis assez longtemps dans notre intimité pour qu'il nous soit possible d'apprécier l'influence que notre voisinage immédiat peut exercer sur un animal. Évidemment il serait absurde de supposer qu'il modifiera si peu que ce soit son tempérament et ses instincts; mais pour ce qui concerne le perroquet, nous penchons à croire que ce rapprochement continu affine singulièrement son intelligence; elle gagne en vivacité et en malice. De sa cage ou de son perchoir, Jacquot voit, entend tout ce qui se passe, tout ce qui se dit, et n'en laisse rien perdre pour en faire son profit s'il le peut! Fût-il placé à quelque distance de la table, il ne reconnaît pas moins les plats qui s'y succèdent. Si l'un d'eux flatte sa gastronomie, il commence par jaser agréablement, et en perroquet bien appris; mais si l'on tarde quelque peu à se rendre à sa gentillesse, il entame les cris assourdissants que vous savez et les poursuit jusqu'à ce qu'il ait triomphé de la résistance. En raison de sa mémoire excellente, il fait rapidement la connaissance de tous les habitués de la maison et les traite selon le degré d'amitié qu'ils ont réussi à lui inspirer. Il va sans dire que, dans sa pseudo-civilisation

qui se caractérise souvent par son léger penchant pour le vin, il a conservé les défauts qui sont ceux de son espèce. Le perroquet reste le
gaspilleur par excellence; comme au temps où il s'abattait dans les
vergers, dans les plantations de maïs du Nouveau Monde, il trouve une
évidente volupté à détruire ce qu'il ne peut pas consommer.

En résumé, le perroquet est un hôte beaucoup plus aimable que
ne l'ont prétendu certains de nos confrères. Nous avons quelque peine
à comprendre ce que l'on peut trouver de désagréable dans sa faculté
de reproduire la parole humaine, et nous terminerons cette petite
apologie en lui appliquant une phrase célèbre à juste titre : « Que
celui qui n'a jamais parlé pour ne rien dire lui jette la première
pierre! »

XL

Nos lecteurs se seront peut-être aperçu qu'il était une des branches les plus intéressantes des sciences rurales dont nous les entretenions rarement; nous voulons parler de l'apiculture. Ce n'était point dédain; car non seulement sa vénérable antiquité nous imposait pour elle un certain respect, mais nous n'ignorions pas les curieuses révélations dont s'accompagne son étude, et nous avons bien souvent admiré la merveilleuse organisation de ces républiques d'insectes. Seulement, nous ne les pratiquons pas. Tandis que nous vivons de longue date sur le pied de la plus cordiale intimité avec les bêtes dont nous aimons à vous parler, un vieux, bien vieux souvenir m'a toujours tenu à distance respectueuse des ruches, des « chastes buveuses de rosée », comme le grand poète les appelle, bien que ce ne soit pas précisément ces larmes de l'aurore que les abeilles vont chercher dans les calices des fleurs.

Il y avait à l'extrémité du petit parc paternel une demi-douzaine de ruches, qui de temps immémorial étaient l'objet de ma curiosité; tous les jours à peu près, je revenais rôder dans leurs alentours; mais ma mère m'avait fait une peinture si terrible des dangers et des châtiments qui m'attendaient si je m'avisais de m'en approcher, que je m'étais longtemps contenté de contempler de loin les continuelles entrées et sorties des laborieux insectes, ou de lancer sur leur toit de chaume un petit caillou dont le choc mettait le peuple en ébullition et l'amenait à tourbillonner en masses épaisses autour de sa demeure. Cependant, ayant vu châtrer une ruche et goûté au miel doré des rayons qu'on lui enlevait, cette curiosité se doubla d'un sentiment beaucoup moins pur, mais que je puis avouer maintenant, les vieux péchés ne comptant plus.

Mes instincts de corsaire ayant été ainsi éveillés par la gourmandise, je réfléchis que rien n'était plus facile que de s'emparer de quelque peu du miel restant dans les ruches, et cela, ne tenant pas à m'en donner une indigestion, sans enlever les gâteaux, en enfumant les propriétaires. Je cueillis une longue gaulette de coudrier, j'en façonnai l'extrémité en forme de spatule et, convaincu que j'allais réussir à plonger

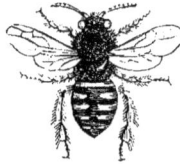

Femelle.   Mâle.   Neutre.

Abeilles communes.

ma cuillère dans le miel, je me couchai dans l'herbe, vis-à-vis de la ruche, mon instrument de déprédation à la main. Je n'en eus pas plus tôt introduit l'extrémité dans le trou de sortie qu'il s'éleva de la ruche un bourdonnement formidable; des abeilles sortirent par centaines, et je ne tardai pas à voir quelle avait été mon illusion, quand je m'étais figuré que mon éloignement les empêcherait de reconnaître le véritable auteur de l'assaut dont leurs trésors étaient l'objet; je fus tout de suite piqué au col, je me sauvai à toutes jambes, mais rejoint par les agiles butineuses, j'étais littéralement farci d'aiguillons lorsque j'arrivai à la maison. Cette leçon de probité et de discrétion avait produit sur moi une impression assez vivace pour m'empêcher d'entreprendre quelque commerce d'amitié avec des pensionnaires d'une susceptibilité aussi farouche.

Un de mes voisins beaucerons a cependant tenté de me réconcilier avec ce qu'il nommait ses mouches. Ce voisin, un simple paysan, avait réalisé ce tour de force, et bien souvent j'en ai été témoin. Il possédait une soixantaine de ruches : quand je le visitais, il m'invitait à lui en désigner une, s'agenouillait devant elle, introduisait ses doigts dans le trou de vol, prenait dans sa main une des ouvrières qui sortaient sans que celle-ci manifestât son émoi par ce frémissement des ailes qui est chez elles le prélude de la colère, et se tirait toujours, sans la moindre piqûre, de son expérience. Je l'ai vu venir à moi le visage, les mains, couverts d'abeilles; elles formaient un plastron sur sa poitrine à moitié découverte; il se déchargeait de son encombrant fardeau dans une ruche renversée et alors, triomphant, il me forçait à m'assurer qu'il était intact dans toute sa personne. Cet apprivoisement du farouche et indépendant insecte était bien tentant; mais comme il ne me dissimulait pas que, pour réussir, il fallait, pendant des années, pratiquer la culture des abeilles avec les gants, le masque et les minutieuses précautions d'une sévère prudence, je jugeai qu'il ne me restait pas assez d'existence pour en consacrer une grosse part à ces intéressants hyménoptères, et je résistai à leur séduction.

XLI

Si les ailes doivent être considérées comme l'idéal de notre espèce, il faut avouer que la nature a singulièrement répondu à cet idéal dont la réalisation devait être notre vœu. Ces ailes, nous en avons généreusement pourvu les êtres célestes que nous investissions du rôle d'intermédiaires entre la Divinité et nous. Le paganisme nous avait précédés dans cette voie en dotant d'appendices emplumés la plus riante de ses créations, l'Amour. Soit caprice, soit ironie, la créatrice, ayant à donner corps à ce rêve du mammifère-oiseau, a cherché son élu au bas degré de la hiérarchie animale : elle a fabriqué la chauve-souris. N'y eût-elle pas mis d'intention, ce choix doit être pour nous une sévère leçon d'humilité.

Figure étrange, presque fantastique, que cette chauve-souris, mais qui n'en est pas moins un éclatant témoignage du grand Ouvrier. Rarement sa conception a rencontré plus de difficultés que lorsqu'il s'est agi de mettre ce quadrupède en possession du domaine qu'elle lui assignait en le dotant d'organes de la locomotion aérienne. Ces ailes de la chauve-souris sont en réalité des doigts extraordinairement palmés, reliés à un vaste sternum et servis par de puissants muscles propulseurs; la membrane qui les garnit se réunit des membres antérieurs aux membres postérieurs. Si souple, si mince qu'elle est transparente, cette membrane est cependant très résistante; le coup de fusil ne la déchire pas, chaque grain de plomb y fait son trou.

Le glorieux apanage du vol qu'elle lui accordait, la nature l'a fait acheter par quelque disgrâce à ce singulier mammifère. En lui permettant de se soustraire au contact de cette fange à laquelle nous sommes rivés, elle a refusé à la chauve-souris la jouissance de la lumière vivifiante qui transfigure l'univers; elle l'a vouée aux ténèbres; les lueurs discrètes du crépuscule, les pâles clartés des nuits étoilées, représentent les illuminations pour lesquelles elle l'a outillée. Son odorat paraît médiocre; l'ouïe est, au contraire, admirablement développée; son appareil est pour ainsi dire extérieur, comme libre et flottant entre l'os occipital et le sphénoïde; la chauve-souris

La chauve-souris.

doit distinctement percevoir le frisson produit par une imperceptible moucherolle battant l'air de ses ailes.

Quant à sa vue, elle représente un problème : Spallanzani a crevé les yeux de chauve-souris qui, en dépit de leur cécité, ont traversé sans jamais les effleurer, des ficelles tendues entre des arbres et très rapprochées les unes des autres, et il s'est demandé s'il n'existait pas chez ces êtres un sixième sens dont il ne parvenait pas à découvrir les mystères. Peut-être en persévérant dans son expérience eût-il réussi à en surprendre quelque chose : si la chauve-souris continue à se conduire, quoique aveugle, il deviendrait probable que chez elle quelque chose supplée à la vue supprimée.

Comme les véritables oiseaux de nuit, les chauves-souris fuient le jour; tant que le soleil est sur l'horizon, elles restent dans leur gîte, un tronc d'arbre creux, une anfractuosité de rocher, une masure abandonnée, au besoin quelque coin noir d'un grenier, où elles se tiennent suspendues par les ongles robustes dont l'extrémité de leurs rames est garnie. C'est encore là qu'elles séjournent tant que la température ne leur ménage pas une assez abondante récolte des moucherons, des phalènes dont elles se nourrissent.

Lorsque les dernières fusées d'or du soleil couchant se sont éteintes, que la première étoile se détache de la voûte céleste assombrie, que les arbres commencent à s'estomper en noir sur les demi-ténèbres, que le gazouillement des oiseaux réfugiés sous les feuilles devient un murmure, c'est de ces retraites que sortent les chauves-souris pour prendre possession de l'élément que les vrais fils de l'air lui abandonnent. Sa sortie est toujours brusque, presque violente, comme l'effort qui lui est imposé pour se mettre à l'essor. Une fois lancée, son vol est assez rapide, mais heurté, saccadé, tortueux et procédant presque constamment par l'obliquité. Son parcours embrasse rarement un large périmètre; le plus souvent sa chasse se concentre autour de ses demeures; ce n'est qu'en raison de la disette de son gibier qu'elle se décide à en élargir le champ.

La chauve-souris est trop souvent, comme le crapaud, une victime de l'impression produite sur nous par son extérieur. On la tue par suite de l'horreur qu'inspire l'étrangeté de ses formes, bien souvent encore par désœuvrement et pour exercer son adresse. Peu d'êtres, cependant, ont plus de droits à notre reconnaissance puisqu'elle nous délivre des petits vampires auxquels, dans les pays marécageux, nous devons de si désagréables insomnies. Pour ceux qui, étant de cet avis qu'il n'est pas de créature qui soit en réalité plus laide qu'une autre, ne sont pas accessibles à la répugnance que le mammifère-oiseau inspire aux nerfs féminins, le spectacle des continuelles allées et venues, auxquelles la quête incessante de la chauve-souris la condamne, n'est jamais sans charme. Elle figure un des mystérieux esprits de la nuit dans laquelle va s'engourdir la nature. Si en même temps on réfléchit à l'utilité de cette bestiole, on devient singulièrement indulgent pour sa conformation peu séduisante, en dépit de ses ailes.

XLII

Parmi les hôtes toujours un peu mystérieux des forêts, il en est dont la voix frappe toujours l'oreille, même quand on n'aperçoit pas les oiseaux qui jettent cette clameur aux échos; ce sont les pics. Le pic-vert, le plus répandu de l'espèce dans notre région, se fait entendre surtout quand des variations atmosphériques sont prochaines. Ce n'est pas qu'il s'en soucie beaucoup; il est à peu près aussi indifférent à la pluie qu'à la sécheresse; mais la température, en devenant humide, met ordinairement en mouvement son gibier ordinaire, les insectes et les vers qui rongent le bois à l'abri des écorces. Sur ce point sa réputation est si bien établie que dans certaines localités on lui décerne le sobriquet de « pleu-pleu ».

Si injustes que nous soyons généralement envers nos auxiliaires de la sauvagerie, il est bien peu d'oiseaux qui aient été aussi injustement calomniés que les pics. On les a accusés de détruire les arbres de nos bois en les perforant et ces arbres n'ont pas au contraire d'amis plus zélés et plus sûrs. C'est au point que certains propriétaires les proscrivent, mettent leurs têtes à prix et qu'un garde croirait déshonorer sa plaque, s'il n'envoyait pas un coup de fusil soit au pic-vert, soit à l'éperche qui passent à sa portée.

En réalité les pics ne s'attaquent qu'aux arbres condamnés soit par leur âge, soit par la nature; c'est donc à peu près comme si nous qualifiions d'assassin celui qui extirpe la molaire gâtée de nos gencives.

Quand les grands végétaux fléchissent, que la sève n'est plus chez

Le pic-épeiche.

eux assez active pour alimenter leurs extrémités et que leur déchéance s'accuse à l'extérieur, ce sont les infiniment petits, vers, insectes, tarets qui ont la mission d'en débarrasser les survivants et de les réduire en une poussière dont ceux-ci pourront bénéficier; ils arrivent donc les premiers à la curée. Alors seulement surviennent les pics, pour glaner ces rongeurs qui constituent la base de leur alimentation; ils les quêtent d'abord sous les écorces; plus tard, lorsqu'ayant troué l'aubier, la petite armée de ces croquemorts végétaux aura

gagné le cœur de l'arbre, les pics les poursuivront jusque-là; à leur
tour ils pratiqueront leur brèche dans le tronc, soit pour se ménager
un asile, soit pour établir le berceau de la famille.

Quand un pic frappe sur le fût d'un arbre avec son solide bec,
assez ordinairement, après une première série de coups, il quitte son
poste pour aller de l'autre côté. Les paysans prétendent qu'il veut
ainsi reconnaître s'il a réussi à perforer dans son entier le tronc auquel il s'est attaqué! L'oiseau n'est pas aussi simple qu'ils le jugent.
Il sait que les tocs-tocs de ce bec, pour eux si redoutable, fera sortir de leurs retraites les vermisseaux, les insectes, les petits scarabées qui avaient cherché un asile sous les écorces, et il va les ramasser, comme le pêcheur ramasse les lombrics que les mouvements
de sa fourche font sortir de terre tout à l'entour de lui.

Le pic-vert n'est point un migrateur, mais l'hiver, quand les vi-
vres se font rares et deviennent plus difficiles à trouver, il se
livre assez ordinairement au tourisme, en visitant les forêts du
voisinage dans un rayon assez étendu. Le charme de ces pérégrinations ne lui fait point négliger la prudence : il effectue ses
traversées de bois en bois, de bosquets en bosquets, ne se hasardant
à travers les espaces complètement découverts que lorsqu'il lui est
impossible de faire autrement. Au printemps, il revient presque
toujours aux massifs qui représentent sa patrie et s'y can-
tonne. Son existence devient alors fort agitée. Comme tous les
chasseurs, il est fort jaloux de ses droits et, maître forestier, il
n'entend pas du tout qu'un de ses pairs élève la prétention de prélever sa dîme sur la gent taillable qui servira à ses repas et à ceux
de sa famille. Si un camarade manifeste l'intention de s'établir dans
son voisinage, il le pourchasse sans merci et ce sont des luttes incessantes. Ce sentiment, il l'étend, comme de juste, à la compagne
qu'il a choisie et la saison des nids est en réalité, pour les pics-
verts, la saison des batailles.

Il niche dans une des cavités agrandies dont nous avons parlé.
C'est là, sur un lit de poussière et de débris de bois, que la femelle
pond de six à huit œufs oblongs, renflés du gros bout, à coquille

blanche et lisse. La durée de l'incubation est de seize à dix-huit jours; le mâle et la femelle s'en acquittent tour à tour en se relayant avec une ponctualité remarquable. Les petits naissent couverts d'un duvet très clairsemé et n'ont rien de séduisant; mais ils se développent avec une extrême rapidité; trois semaines après leur venue au monde, on les voit déjà s'essayer à grimper aux écorces: à la

Une tribu de pics,

fin du deuxième mois, leurs ailes peuvent déjà les soutenir, et on les voit voleter dans les branches avec leurs parents; mais chaque soir la famille regagne son gîte. Au mois d'octobre, les petits sont adultes et le père et la mère, qui les avaient nourris avec une remarquable sollicitude, les abandonnent.

Les pics sont profondément attachés à leur famille: ils la défendent avec acharnement, non seulement contre les oiseaux pillards, mais contre des carnassiers redoutables. Nous avons vu un ménage de pics-verts mettre en déroute un chat de forte taille qui, alléché

par l'odeur de la chair fraîche, avait tenté l'escalade d'un tremble
à la bifurcation duquel les oiseaux avaient leur nid; accueilli par un
feu roulant de coups de bec, le bandit dut effectuer sa retraite, et
il avait la tête tout ensanglantée quand il passa devant nous.

En résumé, les pics, le vert comme l'éperche, sont des oiseaux
utiles que nous devrions protéger au lieu de les proscrire. Celle-ci
se nourrit, il est vrai, en hiver, avec des amandes de pin qu'elle
sait extraire des cônes avec une singulière adresse, mais le dommage est des plus insignifiants, s'il y a dommage. Elle détruit en
revanche des quantités énormes de chenilles en dehors des autres
insectes qui constituent l'alimentation des picidés. Peut-être les pi-
neraies de la Champagne ne seraient-elles pas dans l'état lamenta-
ble que nous décrivent les journaux locaux, si les chasseurs avaient
ménagé un peu davantage les éperches.

XLIII

Après avoir perdu leurs hôtes les plus aimables, les bois voient s'éclaircir de plus en plus les rangs des êtres ailés qui les animent; nous sommes à l'heure où la voix criarde du geai ne retentit plus que de loin en loin sous les futaies, le nombre de ces oiseaux soupçonneux et turbulents diminuant de plus en plus par leur émigration. Quelques-uns séjournant dans nos taillis pendant l'hiver, on a longtemps classé les geais parmi les espèces sédentaires; ils ne le sont que partiellement, car des observateurs attentifs ayant remarqué que ces oiseaux se montraient en plus grande quantité au mois de septembre et que leur bataillon était singulièrement diminué au moment des froids, on avait déjà présumé que le surcroît relevé en automne était représenté par des passagers descendus du Nord et l'on en avait conclu à des tendances caractérisées de migration pour l'espèce.

En effet, le voyageur Sonnini a fourni des indications très précises sur les passages des geais dans les îles de l'Archipel et sur leur hivernage en Égypte. Sonnini remarque que le plumage de ces geais en transit est plus pâle et plus terne que celui de ceux de leurs compagnons qui bravent les frimas dans nos bois et que, par conséquent, le besoin de migration pourrait bien être surtout l'apanage des femelles. Pourquoi pas des jeunesses de l'année qui auraient besoin de forces pour soutenir les rigueurs du froid?

Les sensations avec lesquelles nous accueillons le geai varient d'une saison à l'autre. Il en est de lui comme de ces diseurs de riens, qu'à Paris nous déclarons assommants, et que nous accueillons si volontiers lorsque nous les rencontrons sur une terre étrangère, par la seule raison qu'ils parlent la langue de notre pays. Tant que durent le printemps et l'été, je ne vois rien de plus agaçant que la voix aigre de cet éternel braillard, toujours aux aguets et toujours en mouvement. Vous venez de l'entendre sur votre droite et, presque immédiatement, c'est de la gauche que part la seconde clameur, et elles se succéderont sans relâche tant qu'il lui sera possible de vous apercevoir. Sautillant sans cesse, tantôt de branche en branche, tantôt sur la terre, sa vie se passe dans une agitation perpétuelle. Avec cela rageur comme un enfant gâté, à la moindre contrariété, comme à la vue d'un rapace, d'un oiseau de nuit, il se hérisse, enfle son plumage, redresse celui de sa tête et roule des yeux furibonds. Vraiment beau dans ses moments, on se laisserait aller à l'admirer s'il n'avait pas alors la fâcheuse inspiration de redoubler ses piaillements.

Cette désobligeante loquacité, ses mœurs ne sont pas de nature à la lui faire pardonner, car elles interdisent l'indulgence. Le geai est un abominable filou; il n'a point l'astucieuse perfidie de la pie, la permanence de l'espionnage est incompatible avec la turbulence de son tempérament; ses sempiternelles allées et venues ne lui livrent pas moins les secrets de bien des ménages; il en profite pour piller les œufs des voisins et sa gourmandise pousse la férocité jusqu'à prélever quelques morceaux de choix, les yeux et la cervelle, sur les pauvres oisillons.

L'hiver est venu et la tribu décimée; le brigandeau ne nous paraît plus aussi noir. Sa voix n'est pas devenue plus mélodieuse, mais elle est un bruit dans le grand silence de nos bois dépouillés. Sans cette turbulence que nous venons de lui reprocher, la longue avenue de hêtres, aux branches sourdement murmurantes, nous semblerait plus morne et plus désolée.

N'est-ce donc rien, lorsque tous les autres et les siens eux-mêmes nous abandonnent, de nous être resté fidèle? Enfin, cet hôte des mauvais jours a perdu sa méfiante sauvagerie; il se hasarde aux alen-

Les geais.

tours des maisons, il s'y montre dans tout l'éclat de sa livrée, moins riche peut-être dans les zébrures d'un bleu de myosotis de ses ailes que dans les tons d'un fauve vineux de la tête et de la gorge. En le voyant glaner laborieusement, pour ménager ses provisions, quelques baies d'aubépine, on se surprend à murmurer :

— Pauvre geai!

Et lorsqu'un manteau de neige aura rendu la glane encore plus laborieuse, ce sera à l'intention de l'oiseau affamé que l'on répandra quelques poignées de pois sur le tertre que le vent aura déblayé.

XLIV

Le ciel est de plus en plus vide et désert; les bandes de corbeaux et de freux sont seules à le traverser matin et soir en ordre méthodique, allant à la picorée ou retournant aux futaies qui sont leur gîte. Cependant, de temps en temps, une troupe assez nombreuse d'oiseaux noirs et blancs de la grosseur du pigeon se détache sur le fond gris du ciel avec des allures rapides et capricieuses, tantôt s'élevant dans les nuages, tantôt s'abattant sur quelque point de la vallée, puis bientôt reprenant son essor, puis disparaissant dans les brumes de l'horizon.

Si fugitive que soit leur apparition, à leur vol facile, au mouvement nerveux et précipité de leurs ailes, à l'aisance avec laquelle ils montent et descendent dans les airs, un œil tant soit peu exercé n'a pas de peine à reconnaître des vanneaux, de grands voyageurs devant l'Éternel, pour lesquels la traversée des espaces n'est qu'un jeu quand elle doit les amener aux prairies basses et humides, aux marais où la cueillette des vermisseaux qui forment la base de leur nourriture est aisée.

Un pauvre gibier, ce vanneau, en dépit du dicton : « Qui n'a pas mangé l'aile droite d'un vanneau, n'a pas mangé de bon morceau. » Nous estimons que sa fortune gastronomique tient surtout à cette phrase qui vient de loin, car vous la retrouverez dans tous les vieux traités de l'art cynégétique. Après maintes expériences, j'ai toujours trouvé à cet oiseau une chair noire et sèche, au désagréable parfum de marécage et, en somme, pas très supérieure à celle de la poule d'eau. J'ai cependant, il y a quelque vingt-cinq ans, rencontré un contradicteur dans la personne de mon vieil ami de la Rue, inspecteur

Le vanneau huppé.

des forêts, et devenu un de nos écrivains de chasse les plus distingués.

De la Rue, ayant juré de me convertir au culte du vanneau, me proposa une expérimentation dans les règles. Il avait fait venir des dunes de Saint-Quentin deux jeunes vanneaux qui, préparés en compote par un cordon-bleu expert, furent servis devant un jury

dont, s'il m'en souvient, faisait partie notre cher et grand Toussenel.
La chair du gibier n'avait certainement pas beaucoup gagné en
saveur, mais l'assaisonnement qui l'accompagnait fut unanimement
déclaré exquis, et si bien que pas un convive ne laissa dans son assiette un atome de cette sauce extraordinaire. De la Rue, en présence
de cet enthousiasme général, en renvoya l'honneur au vieux coq-

Le nid de vanneau.

faisan et aux trois lapins de garenne qui avaient constitué les bases
du coulis dans lequel ses deux vanneaux avaient mijoté. Ce à quoi
l'un de nous lui répondit que nous lui devions de la reconnaissance
pour n'avoir pas remplacé ses oiseaux par d'anciennes tiges de bottes
qui, avec un pareil passeport, eussent certainement trouvé nos esto-
macs reconnaissants.

Les chasseurs feront d'autant plus sagement de ne pas s'acharner
contre ce gibier d'un tout petit ordre que sa conquête n'est pas toujours des plus commodes. Doué de l'instinct de prudence à un très

haut degré, le vanneau est un des oiseaux qui se gardent le mieux, et non seulement il veille sans relâche à sa sûreté, mais il met généreusement tout le peuple ailé dont il fait partie en mesure de bénéficier de sa vigilance. Très ombrageux, s'il aperçoit un quadrupède, un oiseau de proie, un homme surtout, dans lequel son instinct lui révèle un ennemi, il fait entendre immédiatement un cri perçant de *kiruit*; toute la bande, vermillant dans les alentours, redresse la tête; la terre qu'ils couvraient au point qu'elle paraissait noire devient blanche; ce sont tous les camarades de la sentinelle qui ont ouvert leurs ailes et se mettent à l'essor. Tant pis pour les voisins s'ils n'ont pas profité de l'avertissement.

Tous les anciens traités de chasse révèlent des ruses pour amener les vanneaux à descendre des hauteurs où ils s'ébattent. La plus banale consiste à étendre sur le sol un mouchoir blanc. Une des gravures du *Vieux Chasseur*, de Deyeux, représente un homme en train d'accomplir cette manœuvre. Nous ignorons si le vétéran a réussi à stimuler la curiosité des vanneaux de façon à trouver le placement de ses deux coups de fusil dans la bande compacte qui plane au-dessus de sa tête, mais nous devons à la vérité de confesser qu'ayant plusieurs fois renouvelé l'épreuve, elle nous a médiocrement réussi. La meilleure tactique nous semble encore de tenter de s'approcher de la troupe quand elle est à terre, en se donnant le vent, en se couvrant de tous les obstacles qui vous masquent, et de cheminer au besoin sur le ventre comme les sauvages.

Individuellement et malgré la pauvre figure qu'il fait à la broche, le vanneau est intéressant. C'est un oiseau gai et nous n'en avons que trop qui ne le sont guère, depuis les corbeaux dont nous parlions tout à l'heure jusqu'aux oiseaux de nuit dont le chant d'amour ressemble au gémissement d'une âme en peine. Bien que vêtu de demi-deuil avec sa huppe élégante, grâce au léger glacis d'or qui relève les teintes sombre de sa livrée, il est d'aspect réjouissant; son cri strident de garde-à-vous n'a rien de funèbre. Mais ce sont surtout ses allures, la hardiesse et les fantaisies de son vol qui révèlent les gaietés de son tempérament.

Il possède encore l'audace des cœurs joyeux; très timoré à l'égard des surprises, il brave quelquefois l'ennemi qui se montre en face; il lui arrive de charger le chien qui suit sa piste, et il brave bien plus souvent encore les corsaires de petit vol qui le poursuivent dans les airs. Dans ce dernier cas, la solidarité des compagnons n'abandonne jamais le camarade en péril; nous avons vu une buse de grande envergure mise en déroute par une troupe de vanneaux arrivée au secours d'un collègue faisant lui-même bonne contenance devant l'oiseau de proie.

Les mœurs du vanneau sont aussi honnêtes que son caractère est paisible; vers la fin de l'hiver les bandes se désagrègent, chacun de ceux qui les ont composées s'en va avec sa chacune chercher un petit coin où ils puissent se conformer à la grande loi qui assure la conservation des créatures.

Le nid du vanneau serait assez difficile à découvrir, si le mâle n'avait la fâcheuse habitude de venir plusieurs fois par jour planer au-dessus de la couveuse pour la réconforter et l'encourager par son chant. Le petit concert dont il la régale sert de guide à ceux dont ce nid est l'objectif, et qui le trouveraient difficilement, placé qu'il est presque toujours dans les hautes herbes de quelque prairie.

Comme tous les oiseaux de rivage, le vanneau ne se met pas en grands frais d'industrie pour construire le berceau de sa future famille; il consiste en une petite excavation dans laquelle la femelle a pondu quatre œufs verdâtres, rayés et tachés de noir et remarquables par le renflement de leurs bouts. On peut en voir, au printemps, à l'étalage de beaucoup de marchands de comestibles parisiens, car ils constituent un manger extrêmement délicat, auquel les hauts prix dont on les paye, malgré leur petit volume, prêtent un attrait de plus pour les gastronomes. Toussenel s'est élevé avec une indignation passionnée contre l'ingratitude des Hollandais, nos fournisseurs ordinaires d'œufs de vanneau, récompensant par ces destructions les utiles oiseaux qui, en s'attaquant aux tarets rongeurs des digues de la Hollande, préservent ce pays d'une nouvelle édition du déluge, et Toussenel a eu cent fois raison.

XLV

Les bécassines ont inspiré à Toussenel un de ses chefs-d'œuvre, dans *Tristia*, un livre étincelant de verve et d'humour, débordant d'un sentiment à la fois doux et pénétrant. Cette sympathie pour les petites voyageuses aux longs becs, nous la partageons, un peu par reconnaissance pour les pages exquises qu'elles ont inspirées au grand écrivain; également, il faut le confesser, par des considérations plus prosaïques. Nous aimons, en elle, celui de nos gibiers qui, en raison de l'incertitude de ses passages, de la rudesse de son habitat, des difficultés de son tir, peut, le plus réellement, représenter une conquête.

Ce qui nous attache encore aux bécassines, ce sont les mystères de leur vie nomade. Maîtresses de l'espace par la hardiesse et la puissance de leur vol, confinées par leurs appétits dans la solitude des marécages, changeant de résidence à chaque saute de vent, condamnées par nos dessèchements à de longs trajets pour trouver un coin de terre molle pour poser leurs pattes, ces oiseaux, un débris de l'ornithologie du Vieux Monde, peuvent être considérés comme les proscrits de notre civilisation et ce titre suffirait pour qu'elles nous intéressent. Quant à la valeur comestible des bécassines, elle est si universellement proclamée qu'il est inutile de la mettre en ligne.

Un rôti de ces oiseaux rendit un jour un assez sérieux service à

Charles Furne, le fils d'un éditeur jadis célèbre. Il était en butte aux obsessions d'un personnage qui lui avait apporté une affaire d'or, la création d'une grande société des chasses algériennes. Ce monsieur avait invité Furne à dîner et avec lui la rédaction d'un journal que dirigeait celui-ci, et qui rapporta à son propriétaire plus d'honneur que de bénéfices. On devait causer des chasses algériennes et terminer l'affaire entre le fromage et la poire.

Une nichée de bécassines.

Ch. Jobey, l'auteur de *la Chasse et la Table*, un vieil ami bien regretté, figurait parmi les convives. Bien entendu, le gibier était représenté dans le menu par toutes ses espèces. Le rôti se composait d'une brochette de douze bécassines; mais, hélas! elles avaient été vidées et elles étaient littéralement calcinées. Jobey, qui n'était point seulement un gastronome sur le papier comme il y en a quelques-uns, mais qui avait le fanatisme du grand art de la gueule, roulait ses gros yeux à la fois indignés et consternés en contemplant la carcasse noirâtre et desséchée qui se trouvait sur son assiette; il l'eût arrosée de ses larmes que cela ne m'eût pas étonné. Bien entendu il n'y porta ni le couteau ni la fourchette, mais au

moment où l'on passait dans le salon, il prit Furne à part et d'une
voix grave et pénétrée :

— Mon cher ami, lui dit-il, si vous m'en croyez, vous ne mettrez
jamais 50.000 francs entre les mains de ce gaillard-là. Un homme
qui vide des bécassines et qui les fait cuire dans un four comme une
échinée de porc, ne saurait être qu'un intrigant!

Si hasardeuse que paraisse cette déduction, l'événement prouva
qu'elle avait touché juste. Furne n'eut point à regretter d'avoir résisté
à cette occasion de faire fortune. Du reste, ce brave Jobey prétendait
qu'il suffisait de regarder un homme manger un œuf à la coque
pour être renseigné sur son origine, son éducation et même ses opinions politiques!

XLVI

Le commerce au village. — La paysanne en boutique. — Le crédit. — Le Maigrat de *Germinal*.
Un millionnaire en sabots.

Le commerce est loin de se manifester au village sous les formes multiples dont il dispose dans les villes; il n'y a, le plus souvent, que deux ressources, le débit de boissons, sous l'étiquette soit de café, soit de cabaret, selon le plus ou moins de prétentions du propriétaire, et l'épicerie; celle-ci, il est vrai, ne se circonscrit presque jamais dans la vente des denrées coloniales; elle s'étend, au contraire, à presque toutes les marchandises usuelles dans la vie rurale, à la mercerie, à la faïence, aux ustensiles de ménage; elle représente le bazar réduit à sa plus infime expression. A de rares exceptions, dont nous parlerons plus loin, ni l'un ni l'autre de ces deux négoces n'est susceptible de mener ceux qui l'exercent à la fortune; il aide à vivre. C'est tout ce que lui demandent les ouvriers, les artisans qui, en ouvrant leur boutique, n'ont cherché qu'un appoint à leur travail personnel, ou bien pour leurs femmes une occupation plus lucrative que le blanchissage et la couture.

Car, en raison de l'incessante préoccupation de gain qui les obsède, le commerce est la vocation innée de toutes les paysannes, et si les circonstances s'y prêtent, si le ménage est parvenu à amasser un ou deux billets de mille francs, — chez nous il n'en faut pas plus pour entrer dans les affaires, et par la grande porte encore, — il devient l'objet permanent de leurs ambitions.

La paysanne est, du reste, parfaitement outillée pour y réussir, elle y apporte l'âpreté des convoitises, la méfiance, la persévérance et l'esprit de ruse sournoise de son tempérament; économe à la façon de la fourmi, elle ne connaît pas de petits profits et ce ne sera pas elle qui dédaignera le bénéfice d'une pesée un peu faible; sans compter que, lancée sur cette voie, il lui arrive quelquefois de s'affranchir de ses scrupules et, par simple intuition, de découvrir de petits procédés d'adultération qui, sur un théâtre plus vaste, l'enrichiraient rapidement. Il lui manque la langue dorée, l'affabilité excessive, le sourire engageant de la marchande parisienne; elle fournit ce qu'on lui demande, rien de plus, et laissera le client passer la porte sans lui avoir adressé l'éternelle ritournelle boutiquière : « Et avec ça, Monsieur? »

En revanche, elle est sans rivale dans la défense des prix qu'elle réclame et n'accepte aucune transaction. Si vous avez la faiblesse de les discuter, elle deviendra immédiatement d'une loquacité assourdissante, vous initiera aux petits secrets de ses achats et de ses bénéfices, et vous démontrera, avec toutes sortes de serments à l'appui, qu'elle perd au marché que vous allez conclure. N'insistez pas, elle trouverait des larmes pour vous convaincre, et vous sortiriez avec le remords d'avoir contribué à la ruine d'une pauvre femme.

Cette habileté commerciale est d'autant plus remarquable qu'elle n'a jamais été l'objet d'un apprentissage derrière un comptoir citadin. On peut dire qu'elle est innée, la conséquence directe de la passion que la paysanne apporte dans la conservation et la multiplication de ses « sous », comme elle dit. Son savoir-faire, elle l'a ébauché au marché, accroupie au bord du trottoir, devant ses paniers d'œufs et ses mottes de beurre enveloppées de feuilles de chou, et aussi dans ses rares stations d'achat dans les magasins de la ville. Il n'y a pas d'élégante que la paysanne ne distance par le nombre de pièces d'étoffe qu'elle fait déplier; elle met des heures à ses comparaisons et méditations avant de se décider, mais ne le fait jamais sans marchander longuement. Les magasins à prix fixe la déroutent absolument.

— Comment, lorsque je vous donne un tas d'argent comme celui-là, disait devant nous une bonne femme en alignant cinq pièces de cinq francs devant le caissier, vous n'êtes pas honteux de me réclamer encore 45 centimes! Eh bien, vous n'aurez rien du tout; j'aime mieux vous laisser votre marchandise!

Et elle fit comme elle disait.

Une épicerie de village.

Si l'épicerie, le magasin-omnibus est généralement géré par la femme, tandis que le mari travaille de son métier, — dans les débits de boissons, petits ou grands, l'homme se met toujours plus ou moins au service de la clientèle. Ils ont été jadis assez productifs, ces débits, mais depuis qu'il en est poussé dix là où un seul suffisait autrefois, la consommation a eu beau grandir, ils ne donnent plus que de l'eau à boire, à leurs propriétaires tout au moins.

Beaucoup de ceux-ci grossissent leur commerce principal de quelque négoce secondaire, afin d'augmenter les profits; souvent ils ne réussissent qu'à précipiter le déclin. Il existe nécessairement de notables différences dans l'achalandage de ces établissements et l'habileté du cabaretier n'est pas étrangère à sa vogue. Celui qui par sa situation, ses relations, son humeur engageante, la bonne grâce avec laquelle il répond à une « tournée » par une autre « tournée », se fait des amis, reçoit les visites les plus nombreuses, tandis qu'on ne s'arrête qu'accidentellement chez les autres.

Le crédit est la pierre d'achoppement de tous les commerces ruraux, et, malheureusement, si réfractaire qu'y soit le marchand, non seulement il est fatalement condamné à le subir, mais bien souvent à le voir s'élargir dans des proportions rendant le remboursement incertain. L'ouvrier de l'industrie reçoit son salaire au bout de la semaine, de la quinzaine tout au plus; il peut désintéresser peu à peu celui qui l'a aidé à vivre; la plupart des travaux des champs, la fenaison, la moisson, la coupe des bois, les travaux de routes ne sont réglés que lorsqu'ils sont terminés. Le travailleur reçoit une somme relativement assez ronde, mais comme presque toujours il a ouvert d'autres comptes à droite et à gauche, le total qu'ils fournissent est encore plus rond; il faut, de plus, réserver quelque chose pour soutenir le chômage; il est donc réduit à donner des acomptes à l'un et à l'autre, et une fois qu'il est entré dans cet engrenage, les créances s'éternisent en augmentant chaque fois que l'argent vient à manquer. Les moins honnêtes, ils sont l'exception, pour peu que le fournisseur leur ait réclamé l'arriéré, ne se font pas faute d'aller s'approvisionner chez un concurrent en payant, afin d'obtenir chez celui-ci un nouveau crédit lorsqu'ils auront trouvé une nouvelle entreprise.

Dans de telles conditions, ces humbles boutiques doivent être condamnées indéfiniment à la gêne; cependant il est fort rare qu'elles se refusent à ce crédit qui les étrangle en les contraignant à acheter de seconde ou de troisième main des denrées qui ne leur laissent que de maigres profits; il est une condition vitale de leur existence, indispensable à la conservation de la clientèle, et puis le marchand de village se trouve dans des conditions spéciales ; ceux qui s'adressent ainsi à lui sont des connaissances, des parents, bien souvent ils ont grandi, ils ont vécu côte à côte, ils se rencontreront tous les jours. Allez donc refuser un pain, — presque tous les épiciers ruraux en ont un dépôt, — à un camarade quand vous savez que celui-ci a chez lui une femme et trois ou quatre enfants qui, faute de ce pain, ne mangeraient pas ! Le cœur du villageois est strictement fermé à bien des sentiments ; il s'ouvre toujours à la pitié devant les souffrances d'un enfant.

Nous avons reconnu que cette modestie du commerce rural avait ses exceptions ; il se rencontre effectivement des hommes spécialement doués, unissant au génie du négoce une cupidité inflexible, une volonté inébranlable, une grande élasticité de conscience et l'idolâtrie de leur intérêt, qui réussissent dans ce cadre étroit, stérile en apparence, à faire suer des tonnes d'or aux indigences qui les entourent. Les moyens sont partout les mêmes : après avoir abattu toutes les concurrences et concentré dans leur magasin tout ce qui se vend, ils entreprennent d'accaparer tout ce qui s'achète ; récoltes sur pied, grains, fourrages, racines, vins, bois, tous les produits du canton passeront par ses mains, comme toutes les chandelles, comme tous les morceaux de savon consommés dans le bourg, c'est eux qui les ont fournis. S'approvisionnant en fabrique, ils réalisent de jolis bénéfices dans ce détail où les petits marchands, leurs devanciers, se ruinaient ; très au courant des cours, encore mieux informés de la gêne de tel ou tel cultivateur, ils ne réalisent que les bonnes affaires, et de ce côté comme de l'autre voient rapidement croître leur magot ; comme, presque toujours, ces fructueuses opérations ont l'usure pour appoint, quand elle ne devient pas le principal, l'ascension est rapide. Dans *Germinal*, Émile Zola nous donne avec Maigrat un type pris sur le vif du Shylock de village. Ils sont heureusement assez clairsemés, car c'est uniquement aux dépens des malheureux qu'ils s'engraissent. Nous avons connu un de ces crésus en sabots dont la fortune était arrivée à dépasser le million ; il est vrai que celui-là travaillant en 1870, les circonstances lui avaient permis d'ajouter la trahison aux articles de ses magasins ; sous la forme de sacs d'avoine, il vendait sa patrie aux Allemands.

Si banales, si prosaïques que soient les physionomies de nos petits marchands, elles reposent de ces figures sinistres; comme les petits cultivateurs dont ils reproduisent l'économie, la sobriété et les goûts modestes, ils vivront pauvres du labeur quotidien et sans conserver longtemps l'illusion qu'il puisse les conduire à l'aisance ; mais sans autre joie que celle de leurs foyers, avec l'unique ambition d'élever les enfants que le ciel leur envoie, leur existence sera dégagée des amertumes qui en rendent tant d'autres bien cruelles, et ils auront d'autant plus de chances de rencontrer le bonheur que le cercle dans lequel ils le cherchent est plus étroit. Les trouverez-vous à plaindre parce qu'ils passeront et disparaîtront ignorés? Qu'auraient-ils gagné à plus de tapage? Aux rayons du soleil levant, celles des larmes que la rosée a déversées entre les aiguilles des sapins étincellent et resplendissent de mille feux ; vienne un souffle qui agite le rameau, ces diamants ne sont plus que des gouttes d'eau dont la terre s'abreuve.

XLVII

Nous jouissons encore de temps en temps de quelque tiédeur pendant la journée, mais le matin, quand le soleil se lève, que le ciel soit clair ou brumeux, il lutte longtemps contre le rideau de vapeurs qui de l'horizon s'étend jusqu'à la plaine et nous fait renouveler connaissance avec le frisson; les soirées sont franchement froides. La végétation a perdu son activité, son œuvre est accomplie et son déclin s'accuse partout par la décoloration du feuillage. Les plantes herbacées sont seules à conserver leur puissance; l'éternelle histoire de la vitalité des humbles. Les prés garderont encore quelque temps une verdure plus intense qu'elle ne l'a été au printemps et le rideau de grands peupliers qui les encadre a déjà perdu sa parure.

Nous sommes au moment où le campagnard, quand il rentre fatigué ou mouillé soit des champs, soit de la chasse, commence à trouver une certaine volupté à allonger ses jambes devant le foyer. Nous avons fait, jadis, leur procès aux lugubres fourneaux de fonte qui, sous prétexte qu'ils s'intitulent économiques, trônent aujourd'hui dans toutes les cuisines. La cheminée de nos appartements modernes mériterait d'être traitée avec tout autant de sévérité. Malgré son luxueux encadrement de marbre ou de bois sculpté, la propreté de ses faïences, la magnificence de ses tablettes garnies de tapisserie ou de brocart, ce trou dans la muraille, chichement mesuré, par économie toujours, n'est en réalité qu'un agrandissement de la chaufferette. Son rideau ventilateur facilite l'allumage; il supprime assez généralement la fumée en distribuant une plus forte dose de calorique ; sur tous ces points, le progrès est incontestable. Nous lui reprocherons de fomenter l'égoïsme en monopolisant ses bienfaits au bénéfice des deux personnes assises à chacun de ses angles; de face, on ne saurait s'y chauffer sans griller quelque peu ; de plus, et même avec le bois pour combustible, il faut payer ses avantages par la suppression de la flambée, de ce rideau de flammes alertes et capricieuses qui dentellent si gaiement le noir tuyau dans lequel elles s'engouffrent; la flamme est la poésie du feu.

Elle était le charme de l'antique et haute cheminée que l'on ne retrouve guère ailleurs que dans les fermes et les chaumières. Un demi-fagot brûlait à l'aise dans son vaste foyer, sur ces hauts chenêts de fer poli qui semblaient s'embraser à leurs reflets. A mesure que le sang circulait plus rapide dans les membres réchauffés, on subissait l'attraction de la pittoresque « gallée », comme on dit en Beauce; on éprouvait une jouissance indéfinissable mais positive à contempler les jeux capricieux des jets éblouissants montant du brasier, à suivre les paraboles des milliers d'étincelles qu'il projetait, à entendre les crépitements des brins se tordant aux caresses de cette flamme et le susurrement de l'eau restée dans leurs tissus, se vaporisant à leurs extrémités.

En voyant des chiens gravement assis sur leur queue, si près du feu que de leurs poils humides montait une buée qui les enveloppait, le regard attentif par lequel ils suivaient les phases successives de la flambée, nous nous sommes quelquefois demandé si, en dehors de la jouissance qu'elle leur procurait, ils étaient complètement insensibles à ses agréments moins matériels. Nous aurions été assez disposé à répondre affirmativement en constatant que la chaleur d'un poêle, fût-elle intense, captive bien moins cet animal que le feu d'un foyer ouvert, mais cela doit tenir à ce que le rayonnement de calorique de celui-ci est infiniment plus vif, et le chien, comme tout le monde a pu s'en rendre compte, recherche les ardeurs solaires, même lorsqu'elles arrivent à un extrême degré d'intensité. Nous renonçons donc à attribuer à ce quadrupède le sentiment de ce que nous appelions tout à l'heure la poésie du feu.

Le chat a, comme le chien, appris de nous à se chauffer; comme lui il en apprécie tous les charmes; nous avons même remarqué qu'il pousse la passion de cette chaleur artificielle beaucoup plus loin que l'autre. En hiver, vous remarquerez sur le pelage de beaucoup de chats de village certaines marbrures de poils roussis. Elles proviennent de quelques charbons qui ont roulé du foyer jusqu'au matou faisant sa sieste au coin de l'âtre, et leur contact n'a pas réussi à le tirer de son agréable somnolence. Presque toujours, il ira, s'il le peut, dormir sur les cendres chaudes : elles couvrent toujours quelque braise, laquelle fera un accroc à l'habit, quand ce ne sera pas à la peau. Le chat, qui sait que toute jouissance doit se payer de quelques désagréments, supporte ces accidents avec philosophie.

Le chien est infiniment plus timoré à l'endroit des brasiers. Certainement il vous faudrait cribler de coups de pied celui dont je vous parlais tout à l'heure pour le décider à quitter une si agréable place. Une braise minuscule dégringolant du foyer dans sa direction réussira à le mettre en déroute. Pour renvoyer cet épouvantail d'où il est venu, il suffirait d'un simple mouvement de sa patte; jamais vous ne le verrez le hasarder. Il y a bien là-dessus une histoire d'un caniche auquel son maître avait commandé de rapporter un charbon incandescent et qui commença par l'éteindre avec l'arrosoir de la nature! Mais si le fait n'a pas été emprunté aux aventures du baron de Munchhausen, il est parfaitement digne d'y figurer. Le dépossédé de tout à l'heure attendra, soyez-en sûr, avec une parfaite résignation que la braise ait perdu sa coloration menaçante pour revenir à sa rôtissoire. Le chien ne joue jamais avec le feu, et en cela il se montre infiniment plus avisé que son maître.

XLVIII

Dernièrement, nous avons été témoin d'un acte assez curieux de
solidarité entre des animaux d'espèces bien différentes; il s'explique
du reste par l'horreur et la haine que les êtres de rapine inspirent à
toutes les espèces dont la nature a fait leurs tributaires.

C'était dans la cour d'une grande ferme où les oiseaux de basse-
cour, dindons, pintades, poules, pigeons, etc., se trouvent en
nombre considérable. Comme dans toutes les exploitations bien
tenues, les repas du personnel emplumé ont toujours lieu à des
heures fixes et régulières. Parfaitement connues des intéressés, ces
heures sont attendues avec une visible impatience : quelque temps
avant qu'elles sonnent, on voit tout le petit peuple à plumes se rap-
procher insensiblement de l'emplacement destiné à devenir le théâtre
du festin, trompant l'attente, les uns en quêtant quelque graine
échappée à l'avidité des convives de la veille, d'autres en procédant
à de menus détails de toilette, quelques-uns enfin en engageant de
légères escarmouches.

L'agitation n'est pas moins vive en dehors des conviés; sur le toit
où ils grouillent, un bataillon de moineaux francs, braillards et turbulents, le bec et les yeux tournés vers la porte où apparaîtra la
fille de basse-cour qui représente leur providence, ne témoigne pas
de moins d'impatience; aussitôt qu'elle apparaît, ils prennent leur

vol, descendent de leurs hauteurs et tombent au plus épais de l'armée des convives, qui se pressent, se heurtent, se bousculent, échangeant des coups d'ailes, vociférant chacun dans sa langue, et ils se mêlent à leur cohue au milieu de laquelle, grâce à leur effronterie, ils picorent inaperçus.

Leur manège avait cependant été surpris par un gros chat noir commensal de la ferme et très observateur. Également sagace, le matou en conclut que, perdus dans ce tourbillon, ces moineaux, dont l'indiscrétion devait le révolter, allaient devenir pour lui une proie facile et un peu plus agréable à se mettre sous la dent que les grains distri-

bués par la fermière; il s'approcha en se rasant et réussit à se faufiler entre les rangs des convives.

Tant qu'il se tint coi, aucun de ceux-ci ne fit attention à lui; ils pensaient probablement, les bonnes âmes, qu'il faut que tout le monde vive! Tout à coup un piaillement aigu retentit; le chat, trouvant sa belle, s'était élancé sur un moineau et l'avait saisi.

Il y eut un moment d'émoi général, les rangs si compacts du groupe se distendirent; le chat en profita pour s'enfuir, tenant toujours sa victime qui poussait des cris à attendrir un cœur de pierre; c'était beaucoup trop pour la sensibilité d'un gros dindon noir derrière le corps duquel le bandit s'était masqué pour perpétrer son crime : il lui décocha un solide coup de bec et se mit à sa poursuite. Cette charitable intervention fut décisive; par un mouvement simultané coqs, poules, canards, dindons abandonnèrent le festin pour courir sus au ravisseur; ce dernier avait essayé de traverser la cour pour gagner un grenier, son repaire; mais avant qu'il eût posé la patte sur le premier barreau de l'échelle, il était rejoint, assailli de toutes parts par la tourbe des volailles en furie et contraint de lâcher sa victime, un peu avariée peut-être, mais cependant parfaitement en état de gagner en volant un arbre du voisinage.

L'animadversion des oiseaux pour les déprédateurs s'étend quelquefois jusqu'aux chats; lorsqu'un de ces animaux rôde dans un taillis, la pie et le geai négligent rarement de jeter leurs cris d'alarme. A défaut de chouettes et de hibous, on utilise quelquefois maître Raminagrobis pour amener les oisillons sur la pipée. Mais cette animosité instinctive, il ne nous semble pas que les oiseaux domestiques la partagent. Elle est d'autant plus curieuse dans le fait que nous venons de citer que le peuple de la basse-cour devait de longue date être habitué à la présence de ce chat et que l'habitude triomphe chez ces êtres des instincts les plus répulsifs.

Je vois tous les jours un chat qui, depuis près de deux ans, s'en va régulièrement faire sa sieste au soleil sur le toit d'un petit pigeonnier; les hôtes du lieu vont et viennent autour de lui, le frôlent, le touchent sans qu'il s'en émeuve, et ce voisinage n'empêche jamais les autres de roucouler et de se débiter des choses tendres pour ainsi dire entre les pattes de leur voisin. Hors les poules ayant charge de poussins, je n'ai pas vu les habitants d'une basse-cour s'effaroucher du passage d'un matou dans leurs domaines. L'acte que nous venons de raconter a donc été spontané et inspiré uniquement par l'agression qui venait d'être commise. Cela nous paraît d'autant plus certain que deux jours après, le fermier nous montrait le chat noir allant et trottant dans la cour au milieu de ses adversaires de l'avant-veille, sans que ceux-ci en manifestassent ni colère ni effroi.

XLIX

Malgré ses caractères pittoresques que célèbrent les poètes, la neige est en réalité le deuil de la nature. Elle le porte en blanc, mais on s'aperçoit tout de suite que cette enveloppe immaculée est encore plus lugubre que tous les crêpes dont il nous convient de nous affubler. Son apparente rigidité nous déconcerte; montrant le paysage dans tous ses accidents, dans tous ses détails, on dirait une chemise de plomb qui s'est interposée entre l'être vivant et sa nourricière, et on se demande si, conquise par les frimas, celle-ci nous sera jamais rendue. Les animaux eux-mêmes ne s'y trompent pas : elle leur inspire l'épouvante. Lorsqu'elle tombe en épais flocons et que le sol a commencé à disparaître, carnassiers, rongeurs, oiseaux quittent bien rarement leur abri ou leurs retraites; ce ne sera que le lendemain que la faim, leur mordant les entrailles, les décidera à se hasarder sur cette couche glacée, qu'ils se décideront à lui livrer bataille pour la contraindre à leur restituer les dons de l'*alma mater* qu'elle leur dérobe. Le deuil blanc doit alors apparaître aux bêtes sauvages dans toute son horreur; il est impossible qu'ils ne comprennent pas qu'il les menace de périr par le pire des supplices.

Lorsque la neige séjourne une douzaine de jours sur la terre, ce dénouement est inévitable. Le chevreuil s'épuise en courses incessantes, à la recherche de quelques buissons de ronces émergeant encore et ayant conservé quelques feuilles roussies par la gelée; à leur

Le deuil blanc.

défaut, il pèle les jeunes brins, mange les écorces et quelques tiges de bruyères; ces aliments insuffisamment réparateurs ont vite raison de ses forces, la froidure l'achève; la gentille bête se couche et ne se relève plus. Il y a quatre ans, après un de ces accidents atmosphériques, on trouvait leurs cadavres dans tous les coins de la forêt de Marly. Lièvres et lapins, soumis au même régime, subissent, bien que plus résistants, une mortalité considérable.

Ces petits drames de la misère chez les animaux se passent loin de nos yeux, et nous y sommes moins sensibles qu'aux souffrances des oiseaux dont nous sommes toujours témoins. Par ces temps d'épreuves communes, tous les êtres ailés, hors ceux de la grande sauvagerie, se rapprochent de nos habitations. Nous avons vu des per-

drix se confondre avec les poules d'une ferme pour glaner avec elles aux alentours d'une meule, à une vingtaine de mètres des bâtiments.

Les oisillons qui se sentent moins menacés se montrent autrement audacieux. Ce n'est pas qu'ils comptent sur la protection dont la royauté que nous revendiquons sur les créatures devrait nous faire un devoir, mais tout simplement parce qu'en notre qualité d'êtres accapareurs, les épaves sont toujours nombreuses dans notre voisinage. J'ai à six mètres à peu près de ma fenêtre, à deux pas de la rue, un assez grand sorbier qui, ayant largement fructifié cette année, représente le fourneau économique où les nombreux déshérités du peuple ailé viennent chercher le secours que leur a ménagé la grande aumônière; toutes les espèces qui n'ont pas eu la prudence d'émigrer vers les pays du soleil, viennent tour à tour chercher leur becquée à la table commune; la disette doit être aiguë chez ces malheureux; hier, j'ai vu plusieurs grives et un geai, picorer ces grappes qui, entourées de neige, ressemblent à des bouquets de corail coquettement entourés d'une feuille de papier blanc.

La présence des insectivores ne m'a pas moins étonné; ils ont abjuré leurs prédilections; sans doute quand la nécessité commande, tout fait ventre, chez eux comme chez nous.

Il en est probablement de mon fourneau économique comme de tous ceux que la charité humaine ménage à l'indigence de nos semblables, de tous ses habitués : les plus hardis, les plus acharnés, les plus tenaces, sont précisément ceux qui pourraient le plus aisément s'en passer, les moineaux francs qui ont déjà prélevé un large tribut sur les rations des pigeons et des poules. Leurs physionomies, leurs allures ne contrastent pas moins avec l'extérieur piteux, les façons d'affamés des autres ci-devant maîtres de l'espace; les ailes pendantes, les plumes hérissées, ils se précipitent avidement sur les baies dans lesquelles ils ont entrevu le salut de leur pauvre existence et semblent ne pas s'en rassasier.

Les moineaux, au contraire, s'attablent avec l'insouciante désinvolture des bohèmes, turbulents, tapageurs et batailleurs, sans que la générale détresse ait plus modifié leur humeur effrontée qu'altéré l'harmonie de leur habit marron. Ils piquent les grappes rouges d'un bec distrait en ne leur accordant qu'une médiocre importance; ils l'abandonnent au moindre caprice, sans témoigner du moindre regret, comme des mondains qui, ayant plantureusement dîné, sont assez indifférents aux sandwiches de la tasse de thé, moins occupés de manger que de chercher querelle aux autres misérables, de leur disputer ces baies qu'ils paraissent dédaigner, de piailler, de se battre et, Dieu me pardonne! de conter fleurette à leurs pierrotes

L'intelligence du moineau franc a certainement bénéficié de l'espèce de communauté dans laquelle il vit avec nous; elle me paraît supérieure à celle des autres oisillons. Le soir venu, ceux-ci se réfugient presque tous dans les arbres verts où ils deviennent pour les matous en quête une proie facile; les pierrots gîtent sans exception dans les lierres encadrant la cour, non pas dans ceux dont la déclivité d'un toit rend les abords commodes à un chat, mais toujours dans un lierre qui, tapissant de haut en bas le pignon d'une maison voisine, ne saurait être exploré qu'au prix d'une escalade faite pour donner le vertige au mieux armé de griffes de tous les rominagrobis. Ils ne sont pas moins en garde contre les pièges préparés par des mains humaines. En ce moment, dans la cour d'un grand nombre de chaumières, une place ayant été dégagée de la neige, on y a semé avec de la balle une poignée de grains; au-dessus se dresse obliquement quelque vieille porte, soutenue par un bâton auquel se relie une corde dont l'autre extrémité est aux mains de l'homme aux aguets derrière sa fenêtre; lorsque le nombre des futures victimes semble suffisant à celui-ci, il tire sur la corde, et la trappe, en s'abattant, écrase les convives. Les moineaux francs si multipliés autour des maisons sont en minorité dans ces hécatombes.

L

Nous venons de parler des destructions d'oisillons que les habitants des campagnes réalisent lorsque la neige couvre la terre.
Nous avons eu la curiosité d'inventorier quelques « tableaux » de ces
chasses de tout petit vol et cependant très meurtrières. A notre
grande surprise, ce ne sont jamais les moineaux francs, les parasites
du cru, qui figuraient en majorité parmi les victimes, ce qui, dans
une certaine mesure, eût rendu ces guets-apens tolérables. Le moineau nous rend quelques services, cela est incontestable; il a ses
heures pour témoigner d'appétits insectivores, mais, à côté de cela,
il n'est possesseur de jardin, de verger ou de champ qui n'ait contre
lui quelques griefs dont il peut vouloir se venger.

Malheureusement, ce ne sont pas seulement les innocents, comme
des pinsons, des verdiers, des chardonnerets, et même un troglodyte
qui payent pour notre déprédateur domestique; l'écrasement frappe
surtout les plus actifs de nos destructeurs d'insectes. Nous avons
toujours trouvé parmi les morts bon nombre de représentants des
deux principales tribus des mésanges, la charbonnière et la mésange
bleue.

La première surtout, qui vit presque exclusivement autour de
nos habitations et expurge si soigneusement nos jardins et nos ver-

gers, aurait droit à un autre traitement. Des cultivateurs judicieux ont
favorisé, chez eux, la multiplication des charbonnières, en leur mé-
nageant, au lieu des ca-
vités d'arbres qu'elles re-

Piège rustique.

cherchent pour établir leurs
nids, de vieux sabots, préalablement troués, et les oiseaux les
ayant parfaitement acceptés, ils
en ont été payés par d'abondantes
récoltes de fruits qui ne mûrissaient jadis que pour les insectes.

Du reste, malgré la férocité de son tempérament (si la nature lui
avait accordé la taille et la force, la charbonnière serait redoutable aux
petits mammifères tout au moins), elle est un hôte aimable, procurant
d'agréables distràctions à celui qui l'héberge. C'est encore un oiseau
gai; par sa vivacité, sa pétulance, toujours sautant, toujours grimpant à travers les branches de son buisson, ne paraissant à sa cime que
pour se montrer un instant après, suspendue la tête en bas à l'extré-

mité de quelque rameau, elle attire l'attention, et puis elle la captive, car l'acuité de son petit œil brun fait supposer quelque intérêt,
autre qu'une banale curiosité, dans la pantomime à laquelle elle se
livre.

Cette curiosité est telle que rien de ce qui se passe dans le bosquet où elle s'est établie ne lui échappe. Un de nos amis, voulant
fixer dans son jardin un rossignol qui était venu lui donner quelques aubades, avait imaginé de semer quelques vers de farine autour d'un gros églantier où le virtuose s'établissait d'ordinaire. Dès
le troisième jour, il dut y renoncer, un couple de mésanges charbonnières avait surpris le secret de ces prodigalités et les vers sa-
voureux étaient happés au vol avant d'avoir touché terre.

Elle est cependant médiocrement vaillante, la pauvre charbonnière ;
elle accepte facilement pour un oiseau de proie le pigeon qui traverse
les airs, au-dessus de la branche où elle babille, et il n'en faut pas
davantage pour la mettre en déroute ; mais ses terreurs ne sont pas
exclusives de tout raisonnement comme chez beaucoup d'autres. Elle
sait les dangers qui se résument pour elle dans l'apparition de
l'homme et, comme de juste, elle s'enfuit à son approche ; mais si cet
homme ne marque aucune disposition hostile, elle se rassure assez
rapidement et ne manifeste plus autant d'appréhension pour son
voisinage.

La mésange charbonnière se nourrit d'insectes, de leurs larves
et de leurs œufs ; elle a un merveilleux instinct pour les forcer
à sortir de dessous les écorces où ils s'abritent en les frappant
avec son bec comme les pics. On prétend qu'en hiver elle utilise
également cette ruse pour s'emparer des abeilles enfermées dans leur
ruche ; inquiets de ces heurts qui se répètent contre les parois de
leur maison, celles-ci en sortent pour corriger l'importun ; la première qui se présente est immédiatement cueillie, comme l'étaient
les vers de farine de mon ami, emportée sur une branche et dissé-
quée à loisir ; après quoi la mésange, renouvelant son stratagème,
vient en prélever une seconde sur les essaims.

Car la charbonnière est une mangeuse infatigable et nous voulons attribuer les méfaits qu'on lui reproche à son formidable appétit plutôt qu'à des sentiments que réprouve la nature; éternelle batailleuse, elle est sans cesse en conflit avec d'autres oiseaux, en attaque jusqu'à de plus gros qu'elle, s'efforce de les renverser sur le dos pour leur dé- chirer le ventre avec ses ongles très aigus, et si elle est décidément la plus forte, leur ouvre le crâne à coups de bec pour leur dévorer la cer- velle. C'est pousser beaucoup trop loin sans doute la lutte pour la vie, et cette férocité est de nature à gâter la gentillesse de la charbonnière. Nous savons que la classification la plus rationnelle des êtres consiste à les diviser en mangeurs et en mangés; on aimerait cependant que la séparation pût s'opérer par espèces et non par individualités. Se dé- vorer entre frères est un privilège réservé aux hommes, les oiseaux n'ont qu'à gagner à ne pas le leur disputer.

LESESTRE.   DEVALET.

LI

Chèvres et moutons. — Histoire d'une bonne nourrice.

La race caprine, bien délaissée dans nos pays de plaine, a recouvré dernièrement un faible regain de notoriété. On a préconisé la présence du mâle de cette espèce dans les étables, dans les bergeries, comme un préservatif de certaines épidémies contagieuses. On a même cité un éleveur, célèbre par les victoires remportées sur le turf, qui exigeait qu'un bouc fût installé dans chacun des boxes de son écurie de chevaux de course.

Nous ignorons ce qu'il y a de fondé dans ce racontar, mais, après tout, l'influence salutaire de cet animal sur la santé des animaux au milieu desquels on le place ne serait que la réédition d'un préjugé bien ancien. Dans notre enfance, nous ne rencontrions jamais un troupeau, — et Dieu sait s'ils étaient nombreux en Beauce dans ce temps-là! — qui ne fût précédé d'un bouc noir, marchant, moins majestueusement, mais aussi gravement qu'un tambour-major à la tête du régiment bêlant. La violente odeur du bouc est insupportable; serait-elle aussi désagréable aux microbes qu'à nous-mêmes? après tout, cela est possible. Cependant, nous avons remarqué qu'elle n'affectait pas sensiblement un des plus petits de nos insectes, car bien des fois nous avons vu que les mouches bourdonnaient de préférence en essaims compacts autour du quadrupède préservateur du troupeau.

En même temps que la tradition sanitaire tombait en désuétude, la chèvre descendait dans la faveur des populations de notre région centrale; et cela bien à tort, croyons-nous. La chèvre, c'est la vache du pauvre; se nourrissant à peu de frais, le plus souvent de ce que dédaigne le reste du bétail, ayant le privilège de pouvoir absorber sans danger des plantes parfaitement toxiques, comme l'aconit et la ciguë, tenant pour un suprême régal la pâture de l'herbe poudreuse des

Troupeau en marche.

bas-côtés du chemin, elle fournit, dans une abondance relative, à la chaumière, le plus sain des aliments.

A côté de ces qualités matérielles, la chèvre possède certains mérites d'un autre ordre qui l'élèvent fort au-dessus de la race ovine. Loin de développer ses instincts, la sociabilité de celle-ci les a à peu près atrophiés, elle a perdu toute initiative pour devenir aussi passive que le furent les moutons du bon Dindenault. La chèvre est intelligente, sagace, susceptible non seulement de familiarité avec ses maîtres, mais capable de s'attacher à eux. Très capricieuse, un peu volontaire, elle présente encore l'attrait d'une certaine originalité dans son tempérament.

Même dans les pays où les chèvres sont réunies en troupeaux, en Corse, dans les Cévennes, chacune des individualités de la bande conserve son humeur aventureuse et semble mettre une certaine affectation à affirmer son indépendance. On ne les voit pas s'agglomérer sur un coin plantureux du pacage comme les moutons; chacune d'elles vague à sa fantaisie, plus préoccupée, en apparence, de la recherche des points les plus escarpés que de la saveur des pousses que les buissons lui réservent.

La chèvre, qui porte cinq mois, met bas un, deux, rarement trois petits. La période de lactation dure chez elle de six à huit mois, et c'est tant qu'elle dure qu'elle est précieuse dans les pauvres ménages. Non seulement elle se laisse traire plus facilement encore que la vache, mais on a des exemples de chèvres ne se refusant pas à laisser des enfants s'alimenter directement à leurs mamelles. Ce spectacle, nous l'avons eu quelquefois, et la bête qui nous le donnait a également témoigné de la constance et de la prédilection pour le petit être qu'elle avait allaité.

Cette chèvre appartenait à un incorrigible ivrogne qui, malgré les pleurs et les supplications de sa femme, vendit un beau jour la nourricière de son petit garçon au propriétaire d'une villa de mon voisinage. Il y avait une semaine environ que l'acquisition s'était réalisée, lorsque, rencontrant l'acheteur, je lui en demandai des nouvelles. Il ne me dissimula pas qu'il en était peu satisfait et se croyait trompé. Au lieu d'une traite de trois à quatre litres qui lui avait été annoncée, c'était tout juste si la chèvre en fournissait un, et cela l'étonnait d'autant plus que l'animal passait ses journées en liberté, dans un verger dans lequel poussait une excellente luzerne, qui certainement n'avait jamais autrefois figuré dans son ordinaire.

Quelque temps après, il vint me raconter en riant qu'il avait découvert le mot de l'énigme. Le verger où se trouvait la chèvre n'était séparé que par une ruelle de l'habitation dans laquelle celle-ci avait vécu; tous les jours, le fidèle animal, passant par une brèche de la clôture, s'en allait retrouver son ancien nourrisson et lui présenter un biberon alors mieux garni que jadis! En dépit de la détestable réputation que l'on est en train de faire aux bourgeois, celui-là était un brave homme; il laissa la chèvre dans son verger, mais fit agrandir la trouée pour qu'elle continuât son œuvre charitable sans encombre.

LII

Le carnaval au village. — Masques et déguisements. — Comment on fait la fête.
Que celui qui n'a jamais péché...

S'il est certain que tout passe, il ne l'est pas moins que tout revient dans les mœurs comme dans les modes, et la compensation est suffisante. En même temps que les manches à gigot de notre enfance, nous voyons renaître les joyeusetés du carnaval, bien effacées, elles aussi. Il ne faudrait pas croire que Paris a le privilège de cette résurrection ; nos villages y participent dans de modestes proportions. Ils n'en sont pas encore aux confetti, aux spirales de papier qui seraient cependant d'un joli effet dans les branches dénudées de nos arbres, il est même probable qu'ils n'y arriveront jamais ; mais, après avoir si longtemps battu de l'aile, nous constatons que le goût du masque et des déguisements carnavalesques s'est réveillé chez la jeunesse de nos populations.

S'il recrute tant d'amateurs, c'est que le plaisir est loin d'être ruineux ; un masque, coûtant de 15 à 30 centimes chez l'épicier de l'endroit, en représente le plus gros des frais. Nécessairement les plus horribles sont les plus en faveur ; une tête de dogue au museau écrasé, à la gueule menaçante, est très recherchée ; les nez démesurés et joliment agrémentés de pustules viennent après. Ce masque est l'essentiel, le costume est assez généralement considéré comme un accessoire ; la fantaisie et la garde-robe du ménage de chacun y pourvoient. Si, par hasard, le grenier de quelque voisin est en possession de quelques débris d'uniformes, de vieux shakos qui ont blanchi tout l'été sur un cerisier dont ils écartaient les moineaux, on le lui empruntera.

Je remarque cependant que les soldats grotesques, jadis très en faveur, sont devenus plus que rares ; aujourd'hui que chacun porte l'uniforme, on hésite à en exhiber les caricatures.

Le travestissement favori des garçons est celui de l'autre sexe ; d'abord il est économique, puisqu'il s'emprunte à la sœur, à la mère, à la grand'mère au besoin. Si quelque fillette aventureuse se décide à « courir mardi gras », comme on dit ici, ce sera pour s'habiller en homme, et, bien entendu, toujours en raison du même principe, elle aura recours à la garde-robe du frère ou du fiancé. Bien peu d'originalité, en somme ; ces braves déguisés ont été aussi économes d'imagination que de monnaie. La seule invention un peu excentrique que j'ai constatée a été celle d'un jeune gars qui avait enfoui sa tête dans une citrouille préalablement évidée et qui soufflait du feu par un trou qu'il avait ménagé dans l'écorce.

Ainsi affublés de guenilles, réalisant de point en point le type des masques piteux pour lesquels les Parisiens ont un sobriquet caractéristique, filles et garçons s'en vont par petits groupes, de trois ou quatre, se grossissant chemin faisant de tous les polissons en rupture d'école ; les uns et les autres gambadent, chantent, vocifèrent, — chez nous les plaisirs se mesurent d'après l'intensité du tapage ; — ils intriguent surtout leurs compatriotes mâles et femelles amassés devant leurs maisons ; les colloques sont moins galants qu'au foyer de l'Opéra, moins mystérieux surtout, car, tout le monde se connaissant, l'incognito des longs nez est vite percé ; lorsqu'on s'est suffisamment montré, plusieurs de ces petites bandes se réunissent, s'en vont en caravanes dans les villages du voisinage.

Le soir, tous les acteurs de ces lointains pastiches de saturnales se réuniront au bal du cru. Les costumes du sexe laid ne sont généralement modifiés que par les mouchetures et les broderies de crotte que leurs propriétaires auront emmagasinées dans leurs nombreuses pérégrinations ; personne ne s'en offusque. Il est loin d'en être de même pour les jeunes filles et même les matrones ; chacune a tenu à s'y montrer dans tous ses avantages. Bien des fois nous avons signalé

l'invasion du luxe dans les toilettes des campagnardes ; c'est surtout
ce jour-là qu'il s'affirme. Quelques fillettes, — et ce ne sont pas toujours les moins pauvres, — ont été à la ville louer un costume plus
ou moins chamarré d'or ; d'autres l'ont confectionné de leurs mains,
souvent en modeste lustrine, quelquefois en étoffes plus sérieuses et
toujours agrémentées de force rubans, galons de clinquant et pam-
pilles. On danse jusqu'au jour en se rafraîchissant très fréquemment.
Le cabaretier est l'unique bénéficiaire des dépenses de la journée.

Nous devons l'avouer à la confusion de ces demoiselles, leur coquet-
terie ne se montre pas plus ingénieuse que l'imagination de leurs ca-
valiers ; leurs ajustements ne révèlent pas davantage d'originalité et
de bon goût ; c'est constamment une pâle reproduction de quelque
costume entrevu à la ville. En matière d'inédit, le garçon à la citrouille
conserve la palme sur l'un et l'autre sexe.

Ces joies ne sont sans doute pas raffinées et l'on peut sans malveil-
lance leur reprocher leur grossièreté ; cependant, on devient très indulgent pour elles, lorsqu'on est témoin de la monotonie de l'existence des braves gens gens qui se livrent à ces réjouissances, et
même si on prend la peine de réfléchir que la journée du lendemain les ramènera à ces labeurs mécaniques qui atrophient la pensée
en écrasant le corps. Un accès de gaîté par an, fût-il par trop exubé-
rant, par trop trivial, ce n'est vraiment pas de trop pour qui a
peiné comme ils peinent.

TABLE DES MATIÈRES

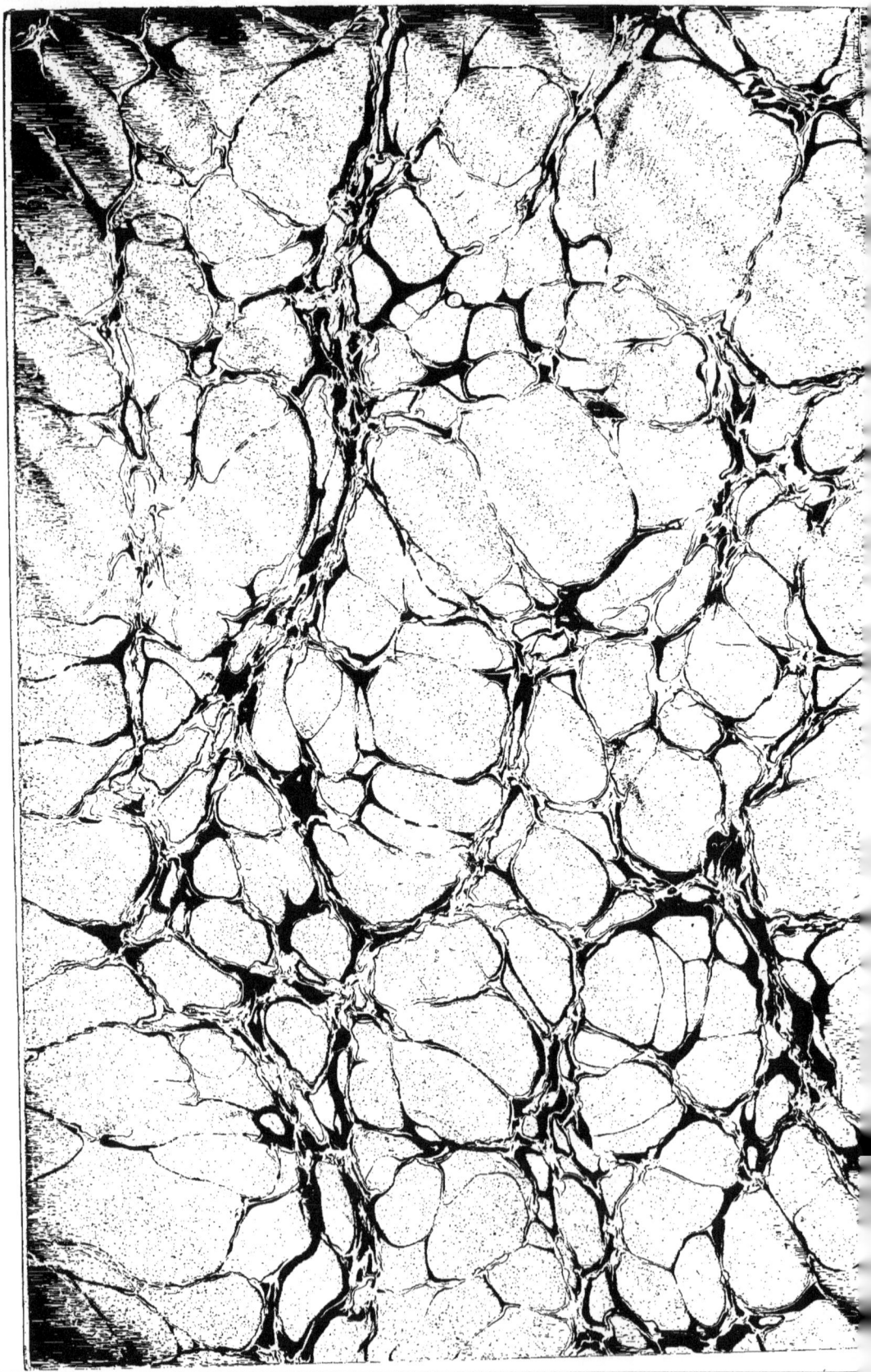

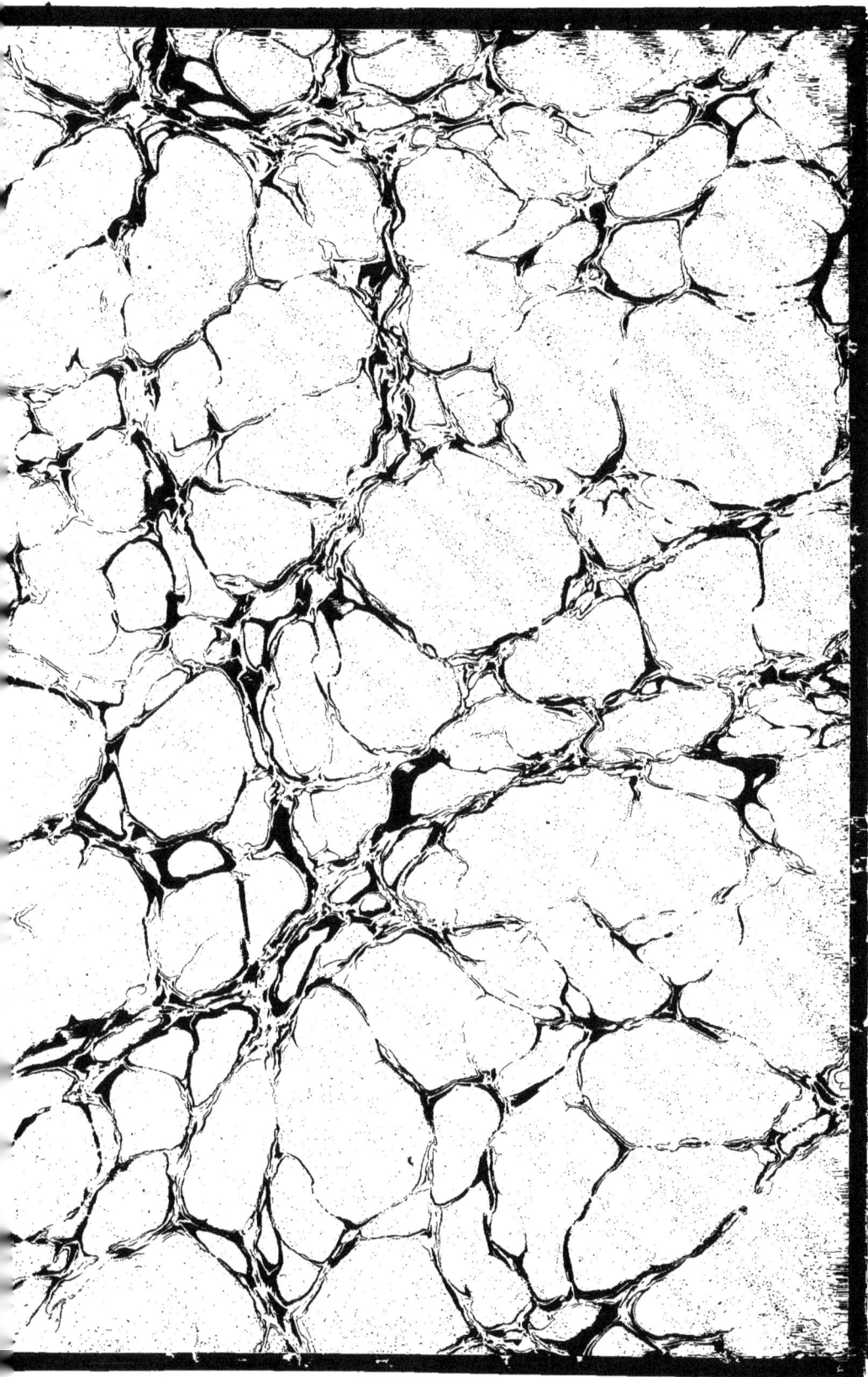

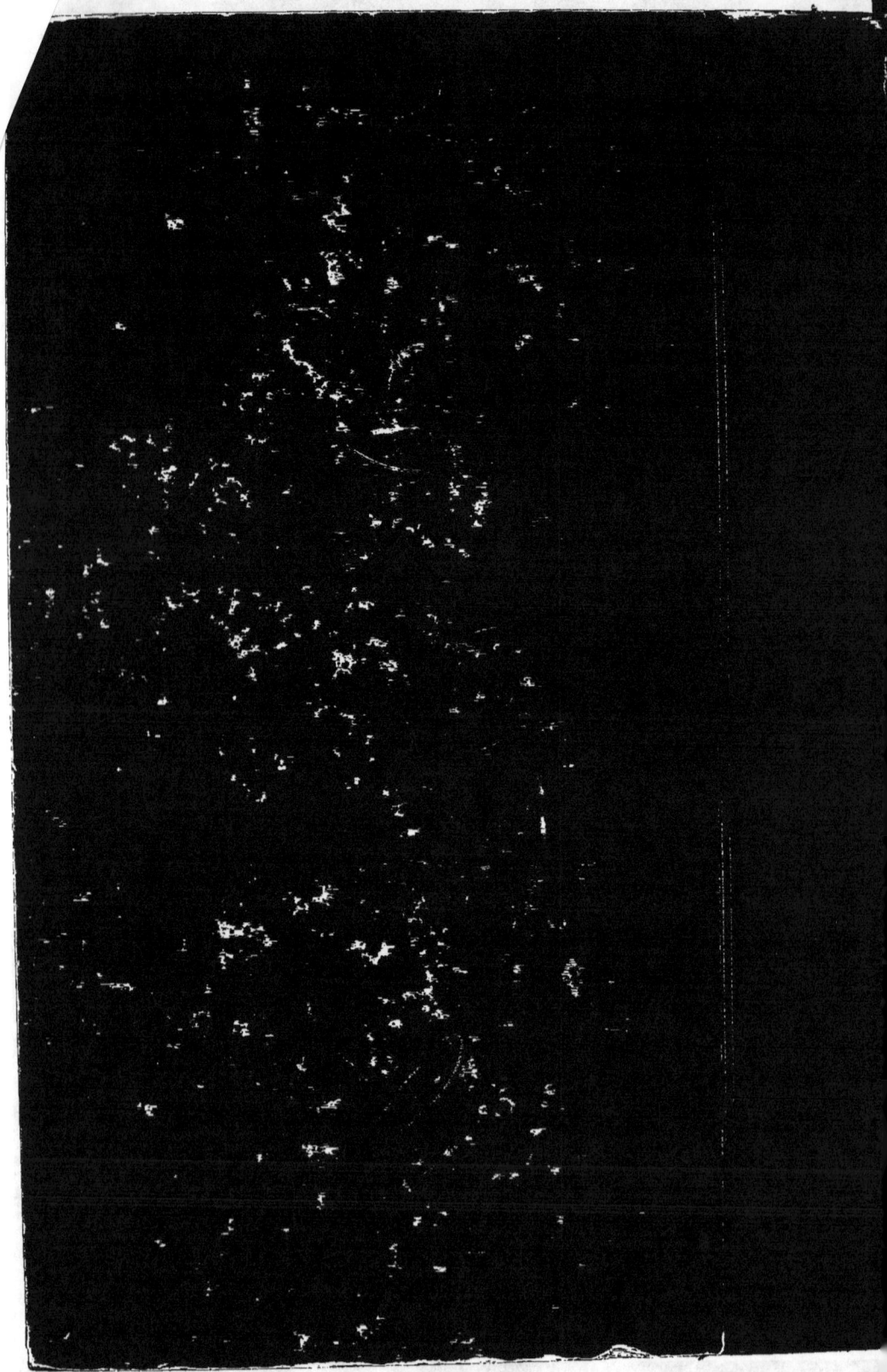

www.ingramcontent.com/pod-product-compliance
Lightning Source LLC
Chambersburg PA
CBHW070304200326
41518CB00010B/1891